超IN少女感系列

美装1001计

衣服·饰品·鞋履·包包

一/本/就/够/了

王彦亮
-编著-

中国铁道出版社有限公司
CHINA RAILWAY PUBLISHING HOUSE CO., LTD.

图书在版编目（CIP）数据

美装1001计：衣服·饰品·鞋履·包包一本就够了/
王彦亮编著．—北京：中国铁道出版社，2018.7（2019.12重印）
（超IN少女感系列）
ISBN 978-7-113-24289-3

Ⅰ．①1… Ⅱ．①王… Ⅲ．①服饰美学－基本知识
Ⅳ．①TS941.11

中国版本图书馆CIP数据核字（2018）第029529号

书　　名：美装1001计：衣服·饰品·鞋履·包包一本就够了
作　　者：王彦亮 编著

责任编辑：郭景思　　电子信箱：guojingsi@sina.cn
封面设计：潜龙大有
责任印制：赵星辰

出版发行：中国铁道出版社有限公司（100054，北京市西城区右安门西街8号）
网　　址：http://www.tdpress.com
印　　刷：北京铭成印刷有限公司
版　　次：2018年7月第1版　2019年12月第3次印刷
开　　本：889mm×1194mm　1/24　　印张：10　　字数：281千
书　　号：ISBN 978-7-113-24289-3
定　　价：45.00元

前言

PREFACE

精致有型的服饰可彰显女人的美丽，如何穿搭让女人的优点更突出，如何穿搭让服饰单品更百搭，如何穿搭能巧妙地遮盖身材的缺陷，这可能是每个女人都想得到的答案——而答案就在本书中。

这是一本完美女人服饰搭配的百科全书，全书精选了 1001 条有效且实用的服饰穿搭小秘诀，分别从最常见、最难解决的问题入手，分门别类对不同款式的服饰搭配进行答疑解惑，将服饰穿搭时可能遇到的各种难题逐一击破，让您超凡脱俗靓丽伊人。服饰怎样穿搭能更适合您的身材，彰显完美身形，翻阅本书都能得到您想要的解决方案。

这也是一本包罗万象的服饰搭配书，几乎有关穿搭技巧方面的任何问题，都能从本书中找到答案。当下什么是热门的服装款式？年代久远压箱底的服饰单品如何搭配？如何搭配才能让身形比例更完美？怎样搭配才能让双腿更为修长？什么样的内衣款式让胸部更丰满……时尚界最新、最潮、最实用的穿搭方法，在这本书里一应俱全。

这还是一本顺应现代人碎片化阅读习惯的穿搭书，书中每一个穿搭方面的小秘诀都是经过精挑细选且易学适用的经典，言简意赅用一条微博的长度就能准确地表述穿搭精髓所在，让您在公车上、地铁里、卫生间、睡前的床上都可以方便阅读，轻松愉悦快速地掌握一个甚至是几个服饰搭配的新秘诀。

这更是一本完全颠覆您对服装类书籍陈旧观念的图书，由国内一流美容时尚文化团队摩天文传倾力打造。本书短小精悍的实用内容、精美时尚的摄影图片、耳目一新的编排方式，让您在轻松愉悦的阅读中收获一个又一个简单实用且惊喜连连的服饰穿搭小秘诀，让您不由自主地每天都向完美女人的最高境界迈进一小步。

女人除了大方得体的穿搭，还需要拥有完美肌肤、苗条匀称的身型、轻施粉黛的化妆相伴。所以我们还为您准备了本书的姊妹篇《美肤 1001 计：护肤 · 补水 · 祛痘 · 抗皱一本就够了》《美体 1001 计：瘦脸 · 收腰腹 · 美臀 · 瘦腿一本就够了》《美妆 1001 计：彩妆 · 裸妆 · 遮瑕 · 修容一本就够了》，它们是您成为完美女人路上的最佳伴侣。

目录 CONTENTS

CHAPTER 1· T 恤

解决春夏穿衣烦恼

CHAPTER 2 · 上衣

掌握上衣穿搭细则，打造完美身材

CHAPTER3 · 毛衣

温度风度两相宜的搭配要求

CHAPTER 4 · 外套

巧搭外套，温度风度两相宜

CHAPTER 5 · 半身裙

遨游裙的国度，积累性感分数

CHAPTER 6 · 连衣裙

活学活用掌握最实用的一件式穿衣思路

CHAPTER 7 · 裤装

晋升时尚咖，穿出四季优雅风

CHAPTER 8 · 鞋履

步步为营做最有穿搭巧思的美鞋控

CHAPTER 9 · 包 包

统领全身的制胜秘诀一手在握

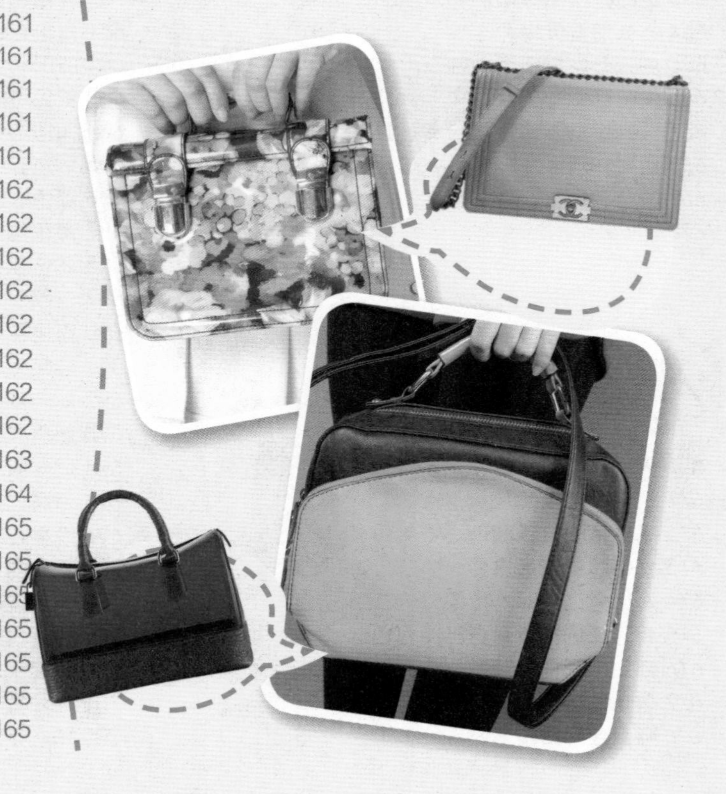

CHAPTER 10· 配 饰

活学活用百变配饰的造型通关秘籍

CHAPTER 11 · 首饰

让细节成为加分点的小物搭配智慧

CHAPTER 12 · 内衣

每个女人都需要曲线打造圣经

CHAPTER 1
T恤

解决春夏
穿搭烦恼

T恤的分类

T恤大约分为四类：结构中规中矩的经典T恤、去掉袖子的无袖T恤、长度延伸的加长T恤、袖子加长的长袖T恤。

百搭的经典T恤

经典款式的T恤，结构上中规中矩，不管身材如何，下半身随意配裤子裙子都很合适，如果胸前再加点好看的图案，更有锦上添花的效果。

纯色T恤搭配经

一件普通的纯色T恤通过精心的搭配也会风格万象。配一条热裤，如果觉得略显单调，则可以选择有花纹的热裤，让整个搭配看起来别致一些。

纯白T恤如何保持亮白如新

在洗白色T恤前用脱脂牛奶泡一下，或最后一次漂洗时在水里加2汤匙牛奶，可保持白色T恤的本色，防止其变黄。

白T恤的半身裙穿搭法

选择白T恤搭配下摆微宽的A字裙，青春靓丽活力十足。而若用来搭配紧身的包臀裙，配上高跟鞋，能更好地展现女性线条与柔美。若选择在腰间系一件衬衫，就能将街头范儿轻松穿出来。

白T恤可以百搭多款裤装

白T恤搭配裤子是最常见的穿法，但是掌握技巧一样能让人眼前一亮。喜欢显身材的女生可以选择瘦腿裤。而破洞牛仔裤、超长款喇叭裤、宽松绸缎印花长裤，都能与白色T恤随意搭配组合，产生意想不到的效果。

最活泼的夏季T恤搭

夏天是最有活力的季节，挑选一件带有可爱纹样的经典款T恤配上短款蓬蓬裙，就算不扎马尾，也会让人感到你的活力四射。

T恤穿出森女风

T恤也可以很森系，只需要一条棉麻面料的舒适背带裙或者半身裙，清新自然的感觉自然会扑面而来。

深 V 不走光又好看的穿搭法则

深 V 领是非常性感的 T 恤，因为常常容易走光会让人很尴尬。只需内搭一件吊带或者小衫就不用担心走光问题，还能增添造型的层次感。

T 恤系起来能变身俏皮女郎

适度的露肩给人带来比较性感的感觉，可以选择两边有洞的 T 恤，适度的露肤使肩部变得纤细，也能彰显时尚感。

露肩 T 恤掩盖肩宽事实

T 恤虽然款式简单，但是通过不同的穿着方法，也能让它产生出更加适合自身的不同气场。选择 T 恤和吊带裙作为混搭时，将 T 恤系在腰间，更能给吊带裙的单一性增加俏皮气质。

夏日穿搭的“T/P+S”法则 012

在火热的夏日，喜欢个性装扮的人选择皮衣长裤是可怕的折磨。短袖 T 恤配短裤才是硬道理。运用“T/P+S”法则（T 恤 /Polo+Short），无论是随性性感或简单舒服的感觉你都能拥有。

上班舒适又得体的T恤

夏日上班不一定要西装革履，可以选择线条相对谨慎、带有色块拼接的T恤，配上一步裙或者西装裤即可。

胸前褶皱隐藏“太平”称号

平胸的穿搭法则就是要让胸前的褶皱或者花纹来改变扁平的线条，此时，选择波浪领或者胸前有装饰的T恤即可。

目测超级显瘦的T恤款

视觉显瘦真的是非常神奇，它可以用配色混淆人们的视觉，欺骗人们的感官。就像纯色T恤与撞色花边的奇妙拼接，呈现出的轻盈动感会轻松俘获人们的视线。

竹竿身材T恤叠穿充实眼球 016

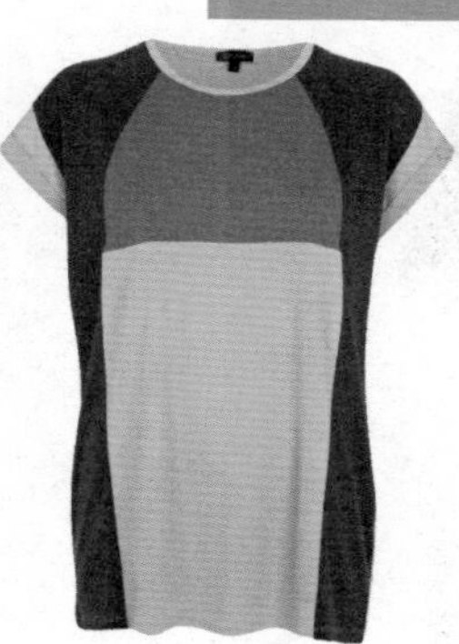

竹竿女孩纤瘦的身形看起来过于单薄，可以通过层次感搭配穿衣法来改善“竹竿困惑”。可以先穿一件比较紧身且较长的背心在里面，外搭短T恤，再戴上一些有层次感的项链就大功告成了。

底部不规则裁剪遮住大髋骨

髋部过宽过胖的女性，可以选择底部不规则裁剪的 T 恤款式，它不规则地垂坠下来，增加空间的动感，改变视觉重点，这样就可以轻松掩饰宽大髋部了。

大领口 T 恤打造沙滩气息

想提升造型吗？拥有一件褪色设计、做旧感或者印花图案自然裂开的元素的大领口 T 恤，就能够让你的时尚感瞬间上升，搭配牛仔热裤，夏季焦点非你莫属。

背带裤打造 T 恤层次感

常常一件 T 恤一条牛仔裤会给人很朴素的感觉，如果有两条背带的加入就会让 T 恤衫顿时有了层次感，不会显得呆板沉闷。

棉质长裙显比例

选择大领口的 T 恤，随意侧拉露出肩膀，配上纯棉的长裙，不仅修饰肩部的线条，还拉长了腿部曲线。

条纹 T 恤越穿越瘦

许多人认为横条纹有延伸视觉的效果，让人穿了看起来更胖，其实横条纹是最适合偏胖的身材穿，它不仅不显胖，还能让你看起来很苗条。

T 恤衫长裙出游度假风

休闲的 T 恤长裙搭上大帽沿的草帽与墨镜，舒适又防晒，不需要配饰就可以让你在度假时轻松地成为焦点。

如何让 T 恤变得柔软亲肤

将水和盐混合，也可以用醋来代替，比例为 4:1/2，将 T 恤浸泡 7 分钟后正常清洗风干。

借助金属 T 恤打造未来感

厌倦了白色或纯色 T 恤的简单平凡，可以选择带有金属的元素来点亮夏天。将带金属质感的 T 恤混搭洁净纯色外套，既不会过于浮夸，又能带来未来气息。无论是女性、男性或中性打扮都很适合。

宝石镶嵌让 T 恤变得很优雅

T 恤的风格随着 T 恤上的元素千变万化，如果个性实在不适合张扬随性的 T 恤，可以选择搭有宝石或者小清新元素的 T 恤，优雅的名媛淑女 T 恤也不错。

扮嫩要用爱玉波点 T 恤

夏日的穿着打扮就是要给人一种清新的感觉，爱玉波点图案的 T 恤配上纯色的小短裙，这样减龄的搭配，在夏日看起来特别舒服。

碎花 T 恤营造夏日田园气息

夏日百花争艳，把花朵穿在身上心情就会特别美好。选一件碎花 T 恤，搭配同款碎花的短裤或者短裙，甚至纯色的都可以。

麦色肌肤的 T 恤选择

拥有一身健康的麦色肌肤，并不是很难穿搭衣服，只需要在穿衣服时选择一些亮色的 T 恤，如桃红、荧光绿等这些亮色都能够提亮肤色，让整个人看起来个性张扬。

V 领穿出上镜脸

V 字领的 T 恤，会让人脸形有拉伸的视觉感，如果觉得自己的脸形曲线不好，可以试试 V 字领的 T 恤。

无袖 T 恤 + 印花裙更显高挑

对于小个子女生而言，选择无袖的 T 恤，来搭配印花短裙，让四肢能更多地展现出来，让视觉效果上拉长线条，对于娇小的女生而言会比普通的短袖T恤更合适。并且在炎热的夏日，无袖 T 恤也会更凉爽。

趣味元素让 T 恤更柔美

简单的白 T 恤百搭且休闲帅气，若觉得缺少些许清淡柔美的气息，可以将一些趣味元素点缀在衬衫上，例如猫咪、波点、星星。或者选用可爱的蝴蝶领结，黑色铃铛项圈，或是别致胸针让 T 恤多一丝趣味性。

单调字母短 T 恤潮搭

如果觉得身材够火辣，可以直接配一条高腰热裤或者短裙，若隐若现地露腰，性感火辣。还可以搭配背心长裙，这又是另一种不同的风情。

运动衫也能潮搭

专业的运动衫穿起来并没有那么时尚，而这款有运动衫元素的T恤可以满足你的双重需求，配上色彩鲜艳的热裤，夏日又潮又运动。

动物元素T恤野性风情一把抓

拥有动物元素的T恤，如抽象风格的豹纹、虎头等都给人十分狂野的感觉。这时候，如果配上黑色雪纺长裙，不但能够拉长身材还特别有韵味。

夏日调色盘给视觉降温

一个人的心情可以用颜色来形容，夏日选择糖果色系这种比较清新素雅的颜色，不仅能够让人看起来十分精神，也一定程度上降低了燥热的心情。

抽象图案拼接时尚

利用线条、菱形或者方形等图像拼接的T恤，都会留给人们时尚个性的印象，色彩浓郁也会让人过目难忘，下面只需搭配铅笔裤或者牛仔裤就很帅气了。

鸡翅袖让你的手臂曲线突显

鸡翅袖，是指在肩膀位置形成一个盖子形状的T恤袖子。鸡翅袖的T恤十分适合手臂细长而且肌肉结实的女生，天气稍冷时与普通衬衫混搭，也同样适用。

小改变让“男友”T恤更时尚

一直很火热的“男友”风T恤穿法是很多女生都热衷尝试的穿搭。但是穿不好就是失败的尝试。穿的时候需要做一些调整，关键在于袖口的折叠和塞衣角。卷过的袖口不能太紧绷地绑在手臂上，腰部的折叠余量也不要太多。

通过面料提升 T 恤质感

穿 T 恤时如何才能穿出质感。若是选用同样轻薄的小半裙搭配，会显得减龄，但却不凸显品质感。因为将同样轻薄的面料放到一起，就会得减法。因此若是上衣选择 T 恤，可以挑选有层次、厚重感的皮裙、针织衫、西装外套等搭配。

泳衣内搭沙滩抢眼装

想穿比基尼可是又对自己身材没自信怎么办？只需挑选一款 Boyfriend 风格的薄 T 恤，内搭漂亮图案的比基尼，不仅显瘦，BoyfriendT 恤的长度与宽度会让你看起来性感又小鸟依人。

荷叶袖让你更女人

T 恤上有荷叶袖的设计或者荷叶边的小元素，都会让这件 T 恤很有曲线美，就算没有图案也不会觉得单调，还能增添女性的温柔之美。

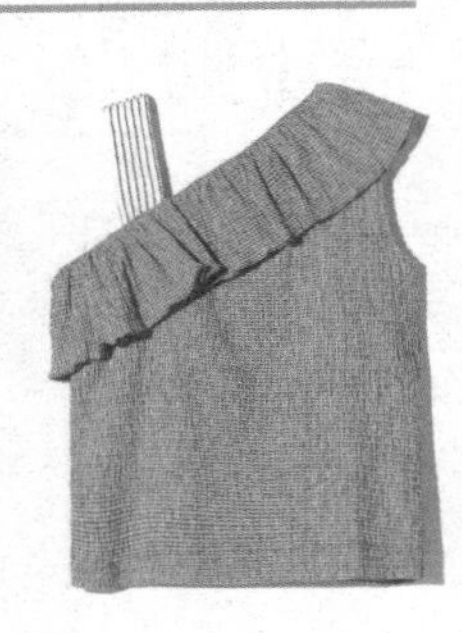

泡泡袖增添甜美值

通常甜美装扮都会选择泡泡袖的 T 恤搭配蓬蓬裙这样可爱又活泼的单品，穿上后特别有公主气息，但是不适合肩膀宽的女生。

夏日不可或缺单品推荐

一件扎染色的 T 恤搭配破洞的热裤及草帽是夏日不可或缺的穿搭之一，丰富的扎染色彩会让你在夏日更显热情，也增加了夏日的时尚热度。

插肩袖 T 恤破掉宽肩膀直线

插肩袖，通常是袖子用另一种不同颜色或者不同面料的布来拼接，丰富了 T 恤的视觉，也特别适合肩膀较宽的人。

挑选无袖T恤注意事项

无袖T恤清凉又有活力，在挑选时应该要注意袖口的大小、领口的高低与T恤的长短是否合身，这样，夏日不仅清凉，还能避免走光带来的尴尬。

纯棉无袖T恤的晾晒

你是否有过这样的疑惑，自己的T恤越穿越长。其实这是晾晒方法不当所造成的，在清洗完T恤后，应该将水拧干，对半晾晒，如果直接悬挂则会越晒越长，并且袖口也会变形。

胸口曲线设计化解大胸尴尬

有时候胸部太大会吸引很多目光，难免会让人觉得不自在。胸口有流苏的装饰或者是曲线设计都可以转移视觉重心，从而化解尴尬。

学会挑选项链让纯色T恤不再单调

通常一件无袖T恤都会特别单调，根据这件T恤的颜色搭配相反色系的链子，这样的撞色会改善它的单调，也会变得十分时尚。

背心长裙不单调

夏季背心长裙透气又清爽，所以夏季它就是街头热款。要穿得比别人出彩就要注意搭配，手臂肉多的女性可以套上一件一字领的短T恤，而上下身比例不太好的可以搭配一条腰带来改善比例。同时还可以通过造型夸张一些的手链、项链来搭配背心长裙。

050

复古图案搭出淑女气质

T恤可以很摇滚、可以很性感，也可以很淑女。如果今天你需要淑女风，就找出比较复古图案的T恤配上图案相同的短裤或半身裙即可，再花点心思配上韩式盘发那就再好不过了。

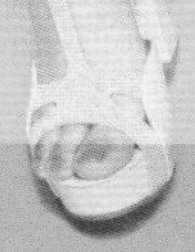

如何驾驭大U领

大U领的无袖T恤略带性感，在挑选尺码时，一定要选择贴身的，它可以作为打底衫或者直接配热裤外穿。

中袖蕾丝T恤知性搭

蕾丝是最能体现女性魅力的面料，无论是内衣还是外套都存在蕾丝的身影。夏季蕾丝透气清爽，用它制成的T恤搭配简单的半身裙就可以很知性，出入商场或者职场都不会奇怪。

前后材质拼接给美背透透气

现在的T恤样式千变万化，最基本的就是材质的拼接。选择前面棉布后面纱布或者雪纺比较轻薄的材质，T恤不仅变得柔美还能在炎热的夏天给闷热的背部透透气，如果后面长度比前面长的无袖T恤，看上去更显高挑。

蝙蝠袖巧藏拜拜肉

手臂肉多的女性可以选择拥有蝙蝠袖设计的T恤，它的长度与宽度刚好可以让你的“拜拜”肉完美地隐匿。

背心下摆不规则裁剪显瘦又时髦

如果你是梨形身材，就需要选择A字形的无袖T恤，上窄下宽的设计不仅隐匿了你身材的缺陷，下摆不规则的剪裁也会看上去更时髦、更显瘦。

小元素让 T 恤更精彩 056

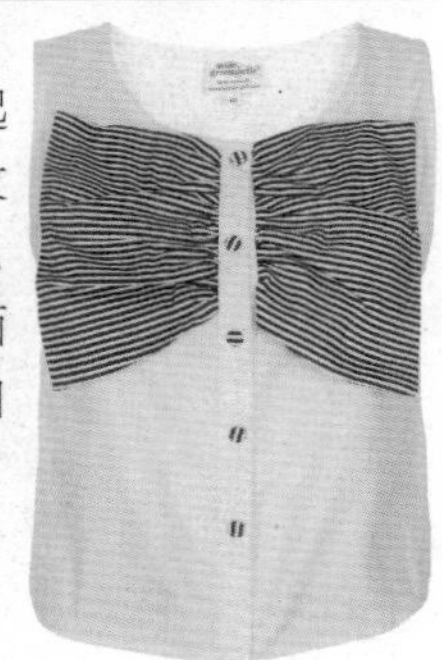

胸前蝴蝶结元素的设计，可以让这件无袖 T 恤看起来很甜美，而简约的条纹因为有了褶皱而活跃起来，选购衣服可以根据它上面所带的元素来挑选合适自己风格的 T 恤。

让你成为小蜂腰的腰间小设计

T 恤如果在腰线的位置做了蜂腰小裙摆的设计，这会让你腰部更有曲线感，而且小裙摆的俏皮设置还让臀部看起来更性感，但此款式的无袖 T 恤只适合腰部较为纤细的身材。

春夏交替中袖谱写慵懒调

宽松的中袖纯棉 T 恤，不仅穿起来亲肤至极，它自然的垂坠感与长度，配上一条牛仔裤或者铅笔裤，春夏交替不冷不热的季节就是需要这种舒适的慵懒调。

你适合穿中袖 T 恤吗

其实这种款式的中袖 T 恤，适合任何身型的女性，而且特别适合修饰粗手臂。但是手臂过细的女生要避免穿中袖的 T 恤，因为它把注意力吸引到你的手腕，让你整个手臂看起来更加像骷髅。

男友T恤穿起来

男友T恤穿在自己的身上永远都是大几码的感觉，将袖子微微卷到差不多与手肘持平的上方即可，下面搭配包臀半身裙，紧身的半身裙轻松将超模身段的上宽下窄比例打造出来。

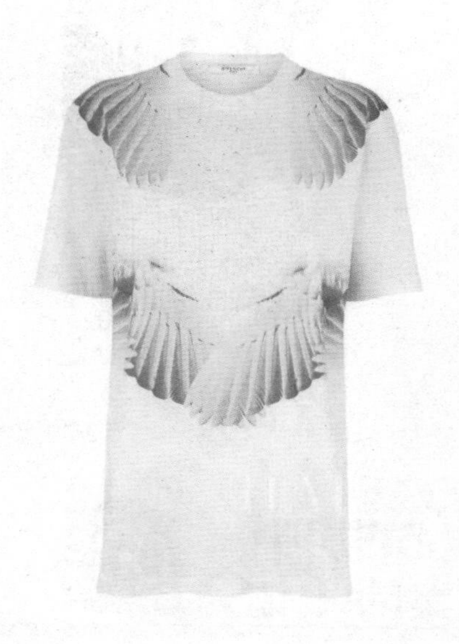

把握面料选到不易变形的T恤

T恤容易水洗变形吗？只要选择精梳棉面料，32支纱，180克以上的款式就能有效避免变形。另外，加入莱卡面料的T恤也有不错的弹性，多次水洗和甩干都不易变形。

小腹婆的完美翻身战

久坐族的烦恼就是小腹肥胖，这时候可以选择比较宽松的蝙蝠袖或者荷叶袖的中袖T恤，到腰间的位置配上一个腰带，这样不仅起到调整曲线的作用，也会将腰间的小赘肉隐藏起来。

光看克重就能判断T恤薄厚

面料克重越大 ,T恤越厚。T恤克重一般在160~220克之间，太薄会很透，太厚会闷热，一般选择180~260克重之间为佳（短袖一般在180~220克，长袖T恤一般为260克）。

从面料上避免 T 恤领口松弛 

纯棉面料的 T 恤领口容易松弛，加入少量氨纶丝就能显著改善面料的耐洗性。如果想买到一件领口不易变形的 T 恤，一定要选择棉料混合氨纶的面料。

晾晒化纤 T 恤的秘诀 

为达到凉爽的效果，夏季 T 恤多含涤纶、丙纶等化纤成份。这种面料的 T 恤会在日光作用下变黄，因此化纤类 T 恤晾晒时一定要避光阴干，否则容易影响面料寿命。

印花 T 恤如何常穿常新 

手洗印花 T 恤千万不要揉搓和绞拧印花处，不要用高温蒸汽熨斗熨烫，避免印花脱色、脱落。另外，避免选择罗纹布的印花 T 恤，罗纹布棉织弹性好，印花容易被拉扯发生脱落现象。

尝试非居中图案的 T 恤 

你的穿着 IQ 还停留在学生时代吗？那么就少穿一些图案居中的 T 恤。告别各种直白的标语以及 LOGO，大胆尝试一些连衣裙设计上常用的印花，会让你的品位提升更快哦！

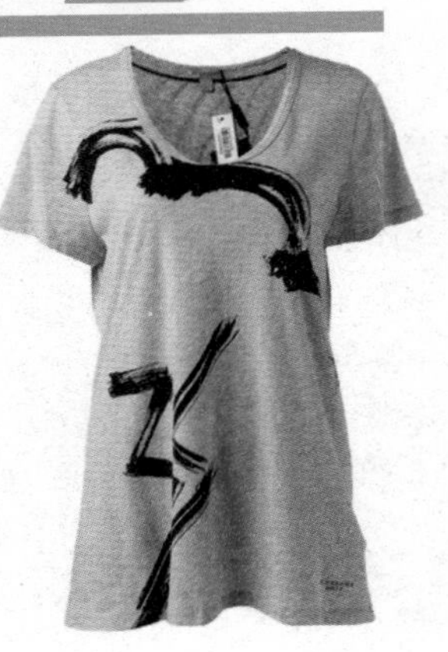

避免选择英文长句T恤

不知道何时英文长句成为极其热门的T恤图案，但小心反被英文“调戏”。在T恤上写一句话，并不是什么明智的事情，措词粗俗的搞笑语句，招来的有可能是别人对你品位的嘲笑。

动物特写图案要慎选

动物特写图案非常考验搭配功力，单件穿着的效果只剩下惊悚而已。搭配牛仔夹克或者拉链卫衣都是不错的选择，总之别让动物特写毫无保留地呈现。

卷一卷袖子手臂看上去更细

T恤的袖子太长怎么办？往上反折1~2次，在袖管比手臂略宽的情况下，有折边的袖子会让手臂看上去更细，这和反折裤管能显得腿细是一个道理。

T恤下摆和裤子的小心机

T恤下摆要不要塞进裤子里？如果你的腹部平坦无赘肉，那么塞进去的穿着方式会让你看上去更潮。腹部有肉也想要束腰穿着可以吗？将下摆拉出来一点点，留点余地看上去也是S码细腰。

变化长度让 T 恤再多穿一季

长款T恤可以通过剪掉一截变成普通T恤。普通 T 恤可以裁剪到露脐的长度搭配吊带裙，或者将下摆处理成流苏、斜边。通过改变 T 恤本来的保守剪裁，和更多的服饰单品做搭配。

慎选大面积印花 T 恤

市面上的 T 恤图案大多采用烫画工艺完成，运用化学试剂稀释过的油性染料，这些染料会持续释放对人体有害的气体，如甲醛等。如果属于敏感肤质，一定要避免大面积印花 T 恤。

别忽视内衣和 T 恤的秘密关系

穿了 T 恤就不需要注意内衣了吗？这是完全错误的观点。T 恤对胸型的要求更高，因为它会使下垂的胸部看起来更加显眼。建议选择杯面光滑、弹性好的内衣，胸型挺拔穿 T 恤更棒。

人像 T 恤最易过时

T 恤虽然是快时尚的载体，但人像 T 恤尤其容易过季，并不值得投入太大。直接将名人照片转印到 T 恤上的设计更容易过时，只会让你看起来像一名狂热的粉丝。

T 恤内搭背心要注意

一些人喜欢在 T 恤领口处露出背心的肩带，这时一定要注意两点：T 恤的领口要足够宽，背心肩带不能过宽，否则会缩短肩宽，让脖子看起来粗短。

星空图案适合骨感女生

这种很红的星空图案不仅仅是特别而已，图案中的明暗对比实则能突出穿着者的上围。留意观察一下，你会发现这类 T 恤的设计者都会在上围位置设置一个能吸引眼球的高光区。

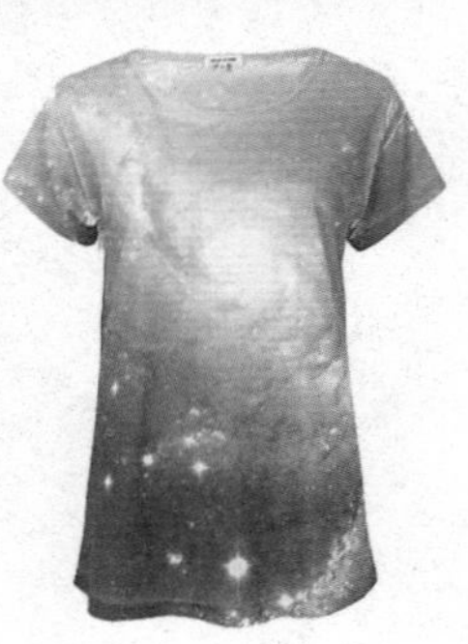

穿着紧身 T 恤时注意剪掉水洗标

缝在 T 恤内侧的水洗标本来无关紧要，但如果是紧身 T 恤，一些品牌厚达几层的水洗标不仅会令你非常不舒服，还会破坏 T 恤的穿着线条，在腰侧或者背后产生奇怪的凸起。

穿宽了的 T 恤打结穿 079

下摆越穿越宽的 T 恤只能封存衣柜吗？在你去海边的时候，这种看似不能再穿的 T 恤会非常实用。可以利用它随性地在腰侧打一个结，这样不必再购买新的沙滩罩衫了。

080

印花 T 恤哪种最耐穿

印花分为胶浆印、水印、烫金印、植绒。胶浆印花一般手感硬、不耐水洗，洗两三次后会有裂痕；水印手感好、耐水洗，如果对质量要求较高，建议购买水印印花 T 恤。

缝接饰品的T恤要平铺晾干

因为缝接了大量的人造宝石和金属装饰，重力下垂，T恤本身和连接宝石的缝线都容易松脱，所以晾晒这种T恤时避免悬吊晾干，应该找来网袋平铺晾干。

印花T恤不要对叠

避免把有印花的T恤对着叠放在一起，尤其是胶浆印花，以防止T恤间的印花粘在一起。如果T恤的印花是数码印花，色牢度会比胶浆印花强一些，就不需要注意这点。

为什么T恤会越洗越宽

纯棉T恤一定不能横向搓洗，也不能打横夹起来晾晒。因为T恤面料的纺织结构横向上最为松散，经受不了反复的物理拉扯，所以遇到污渍需要用力搓洗时，尽量不要横向搓洗。

避免T恤变黄的小秘诀

T恤属于直接接触皮肤的贴身衣物，因此在洗涤时不可用热水浸泡，以免汗液中的蛋白质凝固黏附在T恤纤维上形成黄色汗斑，因此夏季的T恤千万不要在热水中浸泡。

CHAPTER 2

上衣

掌握上衣穿搭细则
打造完美身材

超短露脐卫衣显示姣好身材

这款卫衣特别显身材，也能调和比例，无论高挑还是娇小都可以选择，它会让你的比例看起来近乎完美，运动又阳光。但并不适合腰部赘肉多的身材。

卫衣置身时尚的最佳投资

卫衣是最值得投资的单品，它能兼顾时尚性与功能性。由于融合舒适与时尚，所以卫衣成了各年龄段运动者的首选装备。

卫衣颜色决定风格

酷酷的简约黑色卫衣，让你很摇滚；甜美的糖果色卫衣，让你很可爱；鲜艳的撞色卫衣，让你很潮；卫衣的颜色可以决定卫衣的风格，根据需求选对卫衣颜色，扮嫩扮潮扮酷都可以！

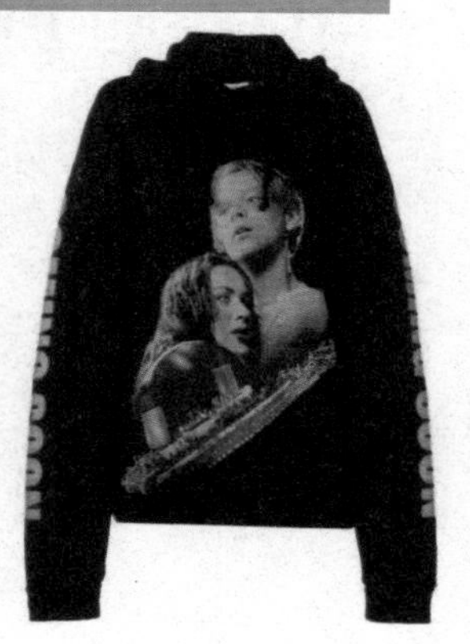

运动穿衣风格最 HOT

卫衣讲究的就是舒适与时尚，把它融入运动元素来搭配舒适而又有活力，也能体现你的搭配技艺，一件宽松的卫衣只需一条牛仔裤配上运动鞋就可以很有感染力。

中长卫衣巧显曲线

卫衣通常都很宽松，但中长款式的卫衣选择收身的最好。简单地搭一条打底裤或者铅笔裤，将裤脚稍微卷起，露出纤细的脚踝，不仅能够更显腿细，修身的卫衣也可以突出你的曲线。

微胖姑娘也能穿好“一字肩”

微胖的女生在穿着“一字领”“漏肩装”时，不要选择穿蓬松款的款式，能少露就少露，遮住其他部分，只露出肩头，或是用百褶裙对比显示纤细的上半身。不要挑选蓬松的款式，因为它会膨胀上半身！

造型衬衫适合叠穿

运用廓形袖口、褶皱、拼接等设计打破普通衬衫风格变化的造型衬衫，很适合叠穿。喜欢干练风格，可以选择袖子部分特别的衬衫，在外搭配西装外套。或者尝试同色叠穿，混搭西装裤也是不错的选择。

卫衣单调针织帽来调味

单穿卫衣很活泼有朝气，但少了几分精彩。冬日可以选择一顶粗针的针织帽，它会让你的穿着更出彩。

卫衣叠穿更有魅力

一件贴身卫衣可以展现女人美感，两件讲究的就是个性，卫衣内搭格纹衬衫帅气随性，搭配圆领雪纺衬衫则甜美可爱。

插画卫衣打造复古慵懒范儿

薄款的长袖卫衣最适合秋季这种慵懒的基调，加上插画的点缀有一种复古的情怀，搭配黑色紧身裤就可以轻松出门。

卫衣热裤永不褪色的经典

宽松柔软的卫衣，非常适合炎热的夏季，搭配一条超短热裤，清爽舒适的同时拉长了你腿部的曲线，上宽下窄的穿衣法则让你更显高挑。

卫衣穿出甜美范儿

卫衣的风格可以根据你的搭配千变万化，当它遇上蓬蓬的短裙，可以很可爱。如果想修饰身材比例，将卫衣束腰穿搭效果最佳。

短打上衣让小蛮腰更性感

短打上衣在搭配方式上的多种多样，无论是吊带上衣搭配长裙、阔腿裤，或者是针织短打上衣搭配雪纺裙或者直筒裤，露出女生性感的小蛮腰才是重点。

露肩上衣适合搭配基础单品

露肩款式的上衣一直是常年时尚穿搭的必选单品。可以搭配短裤、短裙、牛仔裤、阔腿裤或是叠搭背心马甲。不过若是以露肩上衣为整体造型的主角，其他搭配单品应该尽量选择基础款式。

连帽卫衣更减龄

加上帽子的卫衣更加青春活泼，它不仅能够在冬季为你遮风挡雨，也可以加上动物耳朵、眼睛等可爱元素让你更显年轻。

彼得潘领衬衫住在童话里

彼得潘领衬衫会显得人非常俏丽可爱，如果不喜欢传统衬衫的成熟感，那么彼得潘领衬衫是非常好的选择，穿上会让人变得更加年轻可爱。

根据身材选衬衫

修身的收腰设计，让人看起来更显瘦；宽松休闲的衬衫，适合身材高挑的人穿；胸前带有褶皱的衬衫会给人胸部丰满的视觉效果。

材质让衬衫更性感

半透视雪纺衬衫，干练成熟的装扮透出小小性感。因为半透视衬衫隐隐约约会透视肌肤，给人更加性感的感觉。半透视衬衫在夏天穿着更加清爽凉快，最重要的是非常百搭。

白领最爱经典绅士衬衫

经典款白衬衫其实也非常百搭，一般适合成熟职场女性。搭配黑色高腰裤和尖头鞋，干练帅气，气场十足。

无袖衬衫摩登职场装扮

无袖款白衬衫一般适合偏瘦的女生，手臂粗壮的女生不建议选择。搭配起来也非常简单，长裤或是短裤亦或半裙都可以搭配出多种风格。

飞行员夹克的搭配技巧

时尚又帅气的飞行员夹克是时尚街拍上的新宠。在搭配上，喜欢个性风格的可以选择不对称上衣，外批带有金属元素的飞行员夹克。如果帅气之中带一点柔美的风格，可以选择喜欢 V 领 T 恤和长裙的搭配。

豹纹上衣如何穿出减龄感

豹纹上衣具有野性华丽的美感，但是却不是一件好驾驭的单品，尤其是年轻女生会担心过于成熟。其实在穿豹纹上衣时，用瘦腿牛仔裤搭配帅气中靴，既凸显出上衣的亮眼。也能打破成熟感。

107

漫画元素打造可爱通勤装

黑色线条制造出有口袋的假象，描绘出领子袖口与扣子的形状，不仅多了一丝漫画的乐趣，简约的线条与黑白配色也能够让你轻松穿梭于职场。

纯色衬衫与西装裤绝佳通勤典范

严谨的纯色衬衫系配高腰西装裤，无须任何缀饰，简洁利落、自信干练，再搭配一双高跟鞋，更高挑有范儿。

中长款花衬衫舒适民族风

打破纯色衬衫的单调，加入花朵元素，半透明的质感让人感觉舒适凉爽。内搭黑色吊带，下穿黑色打底裤或者铅笔裤高挑显瘦，但不适合较矮的身材。

偏胖身材的选“衫”大忌

对女性肩膀部位的强调一直是这几季的大热，但褶皱泡泡袖会使得身型原本偏胖女生的肩膀显得更加厚大，因此是选“衫”大忌。

穿出街头率性风范

白衬衫、牛仔热裤、乐福鞋，这些街头百搭单品凑在一起，想出错都难，亮色内搭隐隐透出，进一步丰富了层次，也会让黯淡的皮肤发出光泽。

平板身材也可穿出动人曲线

选择宽松的玻璃纱衬衫掩盖平板身材的缺憾，搭配一条学院风的百褶短裙，垫高了你的臀部曲线，也收紧了腰线，让整个平板身材看起来并不那么扁平。

露腰短上衣的长度选择

露腰短上衣追求的是一种自在、自信的感觉。因此在衣长和款式的选择上也要恰到好处，过于长会显得累赘。如果拥有完美的腰腹线条，可以选择刚好及腰的长度。如果拥有傲人的马甲线，那么肚脐上方的长度刚好，既能小露性感也不会过度暴露。

Crop top 搭上小外套，营造层次 114

Crop top 露腰短上衣，可以搭配帅气夹克、西装外套或是针织衫。运用多层次的穿搭法，让普通的外套化身成披风的感觉，下身搭配高腰裤，拉长腿部线条。不过不要选择低腰牛仔裤，这样会让腰部裸露面积够大。

波卡圆点衬衫不是每个人都适合

这种大波点视觉上有着强烈的扩张感，会显宽显胖，而且，不够时尚的人很难驾驭复古风潮，一不小心就变土，所以还是谨慎挑选为妙。

胸部丰满谨慎挑选圆领后扣衫

圆形的娃娃领，纽扣被安置在背后，前襟的设计简洁到了极点。这种款式的衣服虽然可爱，但这样紧密封闭的领口和圆领设计会放大整个前胸及脸部比重。胸部本就丰满的你穿起来比例会更加夸张。

牛仔衬衫随性搭

牛仔材质的衬衫特别休闲，可以把它当成外套，内搭 T 恤；也可以搭配碎花短裙，俏皮又甜美。

前短后长的上衣遮挡臀部赘肉 118

担心臀部有赘肉，或是大腿略粗的女生可以选择前短后长的上衣设计。利用短和长的完美结合，很好地遮盖臀部赘肉，并修饰出细长双腿。如果没有这一设计的衣服，也可以选择略微宽松的雪纺上衣，将前面放在牛仔裤里，衣服后面留出下摆。

初春必备衬衫与一步裙打造名媛淑女 119

清新的薄荷绿雪纺衬衫，融入了荷叶边袖口与胸前花边设计，有种英式宫廷的优雅，配上中长款一步裙，简洁而又高雅。

给衬衫打个结 120

看惯了千篇一律的衬衫款式，可以将它打个结，不仅起到收腰的效果，下面搭配紧身牛仔裤或者活泼的伞裙，还能拉长腿部线条，而打结的褶皱也给衬衫增添不少趣味与层次感。

显瘦首选蝙蝠袖衬衫

蝙蝠袖是偏胖身材的首选，不仅手臂的“拜拜肉”能藏得好好的，大面积的垂坠感与褶皱让腹部赘肉也藏匿其中。

线状领衬衫巧遮锁骨显瘦

如果对自己的锁骨不太满意，可以选择领口有线条设计的衬衫，一字领或者荡领这类若隐若现的线条领口衬衫巧遮锁骨，显瘦又时尚。

夏日清凉装必选背心

最简单的裁剪，让背心看上去简约时尚，夏日的无袖设计总会给人带来清凉。背心不仅能够内穿充当打底衣，外穿也很时尚。

背心色彩搭配让夏日降温

想要背心搭配出彩，不仅要从款式入手，还可以从色彩考虑。就算是一件最基本的纯色背心，只要巧妙利用冷暖色调的结合，使色彩度产生的强烈对比，强烈的视觉反差可以达到瞬间降温的效果。

海军条纹背心需要亮色点缀

海军条纹元素的背心，总是能将纯真干净的气质体现得淋漓尽致。无论是何时都不会过时。跟任意一个休闲感的单品搭配都会很合适。而在穿海军条纹的背心时选用一些亮色元素来点缀，可以让整体效果更出彩。

蛋糕叠层背心巧遮赘肉

简单利落的裁剪也许并不适合腰部赘肉多的身材，这款蛋糕叠层式的背心不仅增加了服装的层次感，还能将你的腰部赘肉藏匿于褶皱之内，显瘦又能扮嫩。

黑色背心打造度假民族风

黑色在夏日吸热所以很少有人喜欢在夏日穿黑色的服装。但是黑色背心搭配拥有民族图案的高腰短裙，不仅不觉得热，清爽的搭配让你更显高挑。

清凉够范儿的背心穿搭法则

夏天一定要清凉，不单单是露胳膊露腿，也可以露肚脐，不是只有泳装才可以办到。可以选择短款上衣加上高腰短裤，既清凉又够范儿。

梨形身材最适合A字形背心

清凉又舒适的背心最适合炎热的季节。但与此同时，女生们也总为了穿背心会暴露自己不完美的身材而烦恼，其实背心也能穿出好身材，A字形背心遮肚腩胖臀，梨形身材最受用。

背心也能穿出女人味

背心也可以让你很有女人味。素雅的纯色背心是很好的选择，配上百褶长裙，飘逸的感觉让你如同风中摇曳的花朵。

背心层搭丰富视觉

单穿一件T恤难免显得单薄，也会突出身材的缺陷。内穿一件紧身背心外搭一件宽松的A字形背心不仅增加了层次感，也能遮掉腹部的赘肉。

腰部松紧设计打造完美翘臀

扁平的身材需要一些蓬松的元素打造出动人的“S”形曲线，腰线松紧设计加上蓬蓬的小裙摆，这款背心可以遮住扁平的臀部，同时看上去也能凸显臀部曲线。

基本款背心要很酷

想要搭出摇滚朋克的帅气装扮，关键点就是选择一件亮色的基本款背心，加上无袖的机车皮夹克与热裤，就能将女人的野性魅力展露无遗。

修身长款马甲背心

修身长款马甲背心的典型造型是，剑形的两摆很有型且长，而背后却只有一道窄窄的布或仅仅是两条可以挽成蝴蝶结的带子，随意搭配 T 恤就能很好看。此外，设计简单的高跟鞋会最大限度地美化你的身段。

牛仔马甲背心随心搭

如果较喜好这类款式和质料，那么就可以根据你的特质，穿出你的个性。搭配 T 恤或衬衫穿出随性感，搭配印花小短裙又可以很可爱。

机车马甲背心

早晚温差大的秋季，可以选择一款机车马甲背心搭配T恤、牛仔裤、棕色短靴，整体搭配帅气又能修身显身材，也不必担心早晚温差问题。

侧开襟拉链装饰马甲背心

这类背心更像无袖风衣。这类款型很休闲、随意，搭配时可与碎花雪纺裙搭配，轻盈浪漫；搭配衬衫与西装裤，系上好看的腰带，干练而又有亲和力。

带帽收腰背心 138

这类背心很受运动品牌追捧，因为白T恤配上这类背心，搭上深蓝色的七分牛仔裤，瞬间动感十足。喜欢运动的你穿着这类款式，会让自己显得更加健康、有活力。

温暖皮草马甲

皮草是集奢华高贵时尚于一身的，没有奢华的皮草外套的你不要担心，一件皮草背心马甲可让你华丽变身。

针织镂空马甲

针织镂空马甲搭配牛仔短裤，棕色长靴使整体搭配帅气又性感；搭配雪纺长裙轻松穿出夏威夷度假风情，女人味十足。

雪纺蕾丝马甲

采用雪纺与蕾丝的拼接，两边对称的剪裁，丰富服装的层次感，也可以轻松地将赘肉藏匿起来，胯部大的女性穿这款马甲也不会觉得突兀。

基本棉质吊带青春朝气毕露

阔腿裤的丝绸材质是夏日必选，不过总有人怕这种布料显得老气，那就要看怎么搭配了。上身的搭配是最基本款的吊带背心，加上草编小礼帽，把青春朝气完全透露出来。

流苏绒皮马甲

棕色或者黑色的流苏绒皮小马甲搭配波希米亚长裙，不仅收缩了腰线，让你看起来比例更完美，流苏的动感也能让你更显活力。

吊带上衣简约不失小性感

无论是掠过肩头的普通吊带，还是肩颈锁骨的挂脖吊带，那根小丝带总会与肩膀摩擦出小性感。

145

西装马甲
打造职场女王

夏日脱掉闷热的西装外套，西装马甲搭配纯色连衣裙，系上腰带收紧腰部曲线，经典的黑白配色让你看上去干练十足，一双亮色的高跟鞋也可以解决单调的色彩，看起来更具亲和力。

挂脖吊带活泼又性感

对于背部肌肉与锁骨都很自信的你来说，可以选择挂脖吊带，它不仅能够展现你完美的身材，还能够让你显得活泼可爱，扎上一个丸子头，将清凉进行到底。

交叉吊带打造摇滚小甜心

牛仔的酷酷材质，加上交叉吊带的活泼，搭配破洞牛仔裤或者纯色皮裤，再加上一双高跟鞋，立即成为性感又可爱的摇滚小甜心。

V 字领吊带突显完美身段

如果对自己身材十分满意，可以选择 V 字领的吊带，简单地搭配牛仔短裤或者紧身七分裤，完美的身段很轻松地就突显出来。

宽松中长款吊带巧遮腰部赘肉

149

用休闲宽松的中长款吊带衫搭配短裤正好可以掩饰稍胖的体型，系上一条腰带显出腰身，既隐藏了赘肉又不至于太拖沓。

雪纺色彩打造白皙肌 151

如果你的皮肤天生发黄，建议你选择饱和度高的色彩，如宝石蓝、深紫、孔雀绿等，这类色彩不仅能让你瞬间变白，而且可以将肤色反衬得更加明亮。

娃娃领雪纺衫甜美减龄优雅装

如今娃娃领绝对是不可缺少的搭配，娃娃领的雪纺衫，有点小透视的款式，隐约的性感十分有味道。搭配包臀裙，秀气甜美。

平胸女巧选吊带有“丰胸”效果 150

衣服不仅仅是为了遮体，它还有调节身体线条的作用，胸部不够丰满的你只要选择带有少量皱褶的吊带衫，就可以让胸部看起来丰满。

吊带太性感 巧用配饰遮挡 153

颈部加点配饰，让胸部不是那么显眼。适合端庄的白领或者娇羞的少女，既能享受吊带衫凉爽的感觉，又不会露得太多引人议论。

雪纺穿出出游焦点 154

雪纺上衣搭配雪纺百褶长裙，轻盈飘逸的感觉，特别柔美显气质，有种淡雅亲和的味道。很适合出游穿，绝对是焦点。

百褶雪纺上衣穿出酷酷高街范儿 155

谁说雪纺一定要柔美？黑色的百褶雪纺上衣，搭配紧身牛仔裤或者皮裤，脚蹬一双细跟高跟鞋，轻松打造酷感十足的高街风范。

宽肩女救星砍袖帮你巧缩骨 156

雪纺的无袖上衣，层叠设计使飘逸感满溢，这款雪纺衫采用 A 字形设计，用以弥补女性的曲线缺憾。

印花雪纺更浪漫

纯色的雪纺非常能展现女性的温柔之美，再加上印花的图案，无论是长裙或是印花的雪纺上衣，都会让你更风情，更有女人味。

刚柔并济皮质夹克混法则

做旧款的皮夹克帅气十足，简单搭配上干净的白衬衫与印花半裙，就能突显出好品位，一双简洁的高跟鞋也会让这刚柔并济的搭配加分不少。

夹克穿出精致通勤印象

硬挺有质感的夹克上装内搭白衬衫，配上合体的哈伦裤和精致的鞋履，立刻让人眼前一亮，干练帅气中又透着清爽，毫无压迫感，只留精致印象。

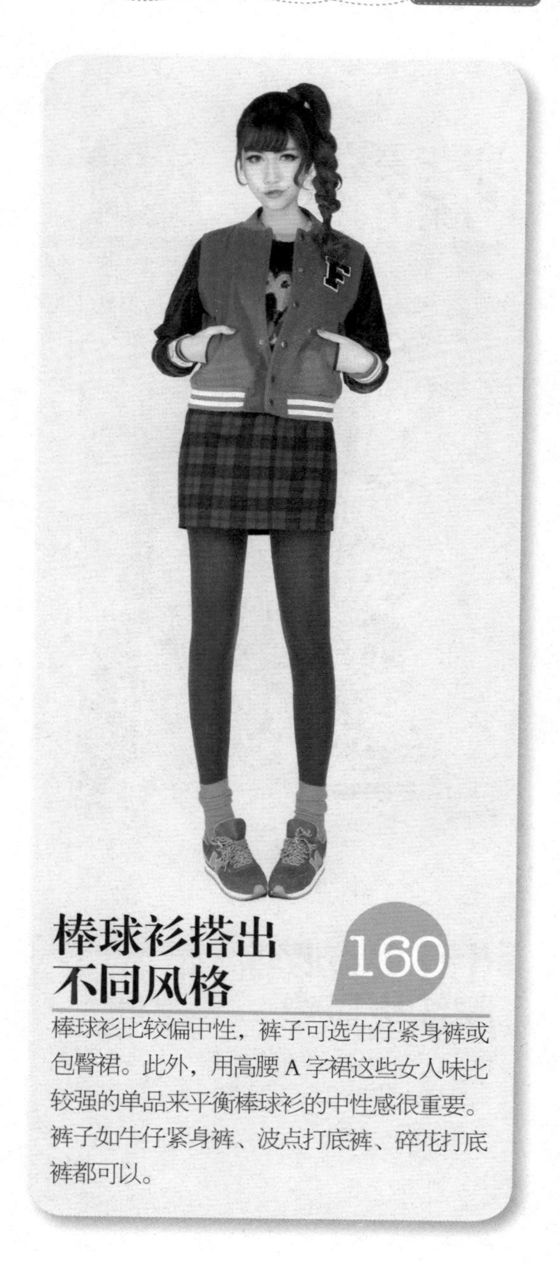

棒球衫搭出不同风格 160

棒球衫比较偏中性，裤子可选牛仔紧身裤或包臀裙。此外，用高腰A字裙这些女人味比较强的单品来平衡棒球衫的中性感很重要。裤子如牛仔紧身裤、波点打底裤、碎花打底裤都可以。

印花夹克运动与柔美并存

夹克的运动帅气因为遇上了清新的印花显得非常柔美优雅，搭配同款印花热裤，这样的套穿法则让你看上去精神十足。

牛仔夹克收缩腰线更显瘦

短款的牛仔夹克无论搭配雪纺长裙或是 T 恤紧身裤，都能够将腰线收缩，看起来身材比例更协调、更显瘦。

挑选夹克请注意

很多女性只想到夹克修身显瘦的作用，所以认为紧身一些没关系，但在挑选时要注意袖子的大小，手臂太紧或者肩膀太窄的最好再挑选大一号为佳。

白色雪纺衫怎么防止变黄

防止白色雪纺衫变黄就要做到以下三点：一要避免在阳光下暴晒；二是织物储藏期间应保持干燥，织物在湿态时的变黄比干态时要大得多；三是贮存衣物前将衣服上的污渍尽可能地完全洗掉。

冬日打底衫外出养眼单品

寒冷冬季，外出需要一件保暖外套与打底衫混搭叠穿，脱掉外衣，露出一件美丽大方的打底衫，休闲中透显个性与帅气，既暖和又不会显得臃肿，有苗条好身材也能轻松穿出来。

隐形胸罩解决吊带尴尬

由于吊带的肩带非常纤细，肯定会让内衣带暴露在外面，这时候可以选择无肩带的内衣或者隐形胸罩，这样穿着深V形吊带也不怕内衣肩带露出的尴尬状况。

牛仔夹克有异味怎么办

牛仔夹克与牛仔裤一样不能经常水洗，当牛仔夹克有了异味可以用一盆清水加入几滴白醋泡一下有异味的牛仔夹克，不用拧干，直接拿到阴凉通风的地方晾干即可去除异味。

皮夹克正确存放方法

新的皮夹克，可以在阴凉通风的地方晾晾，以消除异味。存放时，可放些樟脑片或熏衣乐，切忌用卫生球，因为卫生球是石油制品的副产品，属于强烈挥发物质，会严重损伤皮革。

CHAPTER 3

毛衣

温度风度两相宜的搭配要诀

圆脸穿对毛衣也会拥有瓜子脸

圆脸最怕看起来臃肿膨胀，浅色亮色套头毛衣并不适合这类脸形。想要利用毛衣款式迅速瘦脸，可以选择深色系的 V 领和一字领毛衣。

蝙蝠衫毛衣巧藏粗手臂

在复古风潮的影响下，蝙蝠衫毛衣再次回到人们的视线。张开的大臂和收紧的小臂设计不仅个性时尚，还可以装进一切仍可挑剔的身材，轻松起到视觉上瘦臂的效果。

修身裤破除高领毛衣庄重感

高领毛衣一度曾被闲置在衣柜中，认为包裹过于严实，是不时尚的穿搭。然而简约又大气的高领毛衣重回时尚阵地。利用高领毛衣与修身裤进行搭配，再穿一双尖头高跟鞋，气质高冷又优雅，演绎法式风情。

高领毛衣与铅笔裙搭出复古感

想要演绎 20 世纪 50 年代的摩登复古感觉，可以选择高领毛衣与铅笔裙的绝妙搭配。在初秋时穿上高挑性感的高跟鞋，在冬季换上高筒靴既摩登性感，又不忽视保暖需求。

方脸也能穿出动人曲线

方脸禁忌的就是生硬的线条与色彩，在穿毛衣时要尽量挑选柔和色系，如粉红色、淡黄色等低领或者圆领毛衣。

巴掌脸也要注意的毛衣穿搭法则

就算你拥有人人羡慕的巴掌脸，但在挑选毛衣时也要注意毛衣会抢走脸部的光彩，让肤色看起来苍白、晦暗。尽量选择亮粉色、桃红色、宝蓝色等色彩比较鲜艳的毛衣。

宽松套头毛衣穿出娇小可爱

宽松的套头毛衣，乍看之下和男友的毛衣无异怎么办？身材娇小的女生挑战它有秘诀：尽量搭配深色紧身裤和内增高球鞋，令高挑比例从“下”做文章。

176

开衫毛衣解决初夏早晚温差

初夏早晚温差大，如果稍微穿搭不好就会出现穿衣尴尬。这时候需要一件开衫款式的毛衣，搭配短裤或者长裤，不仅时尚百搭，还能解决初夏的早晚温差问题。

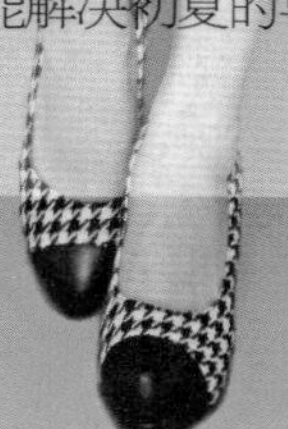

“妈妈级”毛衣如何穿出日系范儿

粗棒针厚毛衣让这个冬天多了不少温暖，但是它很容易让人显老。解决方案是：选择长款厚毛衣搭配长靴或打底裤当作连衣裙穿，这绝对是既简单而又巧妙的穿法。

比例不好毛线长裙帮你掩饰

如果你觉得你的比例不够理想，可以选择一条收腰的毛线长裙，配上腰带与高跟鞋，可以很好地修饰你的比例缺陷，让你的身材看上去更加完美。

斗篷毛衣轻薄与保暖兼顾

斗篷毛衣板型宽松不挑身材，是冬季单品的首选，无论是搭配裙子还是牛仔裤，都不会觉得别扭，边缘处点缀的流苏还能增添活泼气质。

高领毛衣如何穿出法式风情

180

高领毛衣一度曾被闲置在衣柜中，认为包裹过于严实，是不时尚的穿搭。然而简约又大气的高领毛衣重回时尚阵地。利用高领毛衣与修身裤进行搭配，再穿一双尖头高跟鞋，气质高冷又优雅，演绎法式风情。

羊毛毛衣与沉重感说不

说起羊毛毛衣，都会给人很沉重的感觉。避开深色粗纹羊毛衫，选择糖果细纹的羊毛衫，并且配上同色系的围巾，让你打破冬日沉重，成为亮点。

貂毛毛衣奢华也可以很小女人

貂毛拥有它独特的光泽，所以用它制作的毛衣一般都很高贵奢华。可以用亮色连衣裙搭配貂毛开衫，配上与裙子同色系的口红，破除貂毛毛衣的高贵冷艳，让你更显亲近，增添小女人味。

兔毛毛衣低调的奢华感

183

兔毛材质不仅柔软舒适，保暖效果一流，从材质上更能体现出低调的奢华感。纯色兔毛毛衣的最佳搭档是珍珠项链，两者碰撞就能呈现出不俗的穿搭品位。

高领毛衣如何穿出摩登性感

想要演绎20世纪50年代的摩登复古感觉，可以选择高领毛衣与铅笔裙的绝妙搭配。在初秋时穿上高挑性感的高跟鞋，在冬季换上高筒靴既摩登性感，也不忽视保暖需求。

马海毛毛衣俏皮可爱首选 185

拥有“光亮的山羊毛绸缎”美誉的马海毛，特别适合粗棒针手织，它披挂着柔软的如丝如雾般的纤维，构成高贵、俏皮而又活泼的服装风格，是冬日扮俏的利器。

碎花毛衣尽显田园风情 186

无论是夏季还是冬季，碎花总会为枯燥的季节增添一丝趣味。用碎花毛衣搭配深色外套或者直接外穿，让沉闷冬季多出一些缤纷的夏日元素。

长款假两件轻松穿出文艺范儿

长款毛衣清爽简洁，毛衣和衬衫的假两件的设计，领子和袖口的拼接非常自然，不会让人感觉距离感，搭配贝蕾帽和眼镜，更加能展现出你的文艺气质。

高领毛衣如何穿出中性干练 188

喜欢中性干练的风格，不妨试试高领毛衣与阔腿裤的搭配。线条感立体，廓型硬挺的阔腿裤与高领毛衣搭配更能展现帅气与干练。根据季节温度的不同，可以选择九分阔腿裤展现小性感，也可以选择长款阔腿裤保暖。

色彩拼接毛衣呈现减龄效果

拼色毛衣常常可以天马行空般打造出美轮美奂的图案和视觉效果，无论是单纯反色拼接，还是多色拼接，都能让穿着的人立马呈现减龄的效果。

条纹毛衣里的宽度小秘密 190

条纹一直不退流行，不管是经典的黑白条纹还是多色条纹都很百搭。横条纹的毛衣，宽度增加不仅不会显胖，还可以更加显出女生的好身材；竖条纹则更适合身材偏瘦的人穿。

骆驼毛毛衣细织森女风范 191

骆驼毛毛衣往往采用比较细腻的花纹，总体倾向简单的款式。配上带有蕾丝元素棉麻质地的围巾或者长裙，帮你在冬日抵御严寒。

高领毛衣如何穿出俏皮浪漫 192

在萧瑟的秋冬如何穿出俏皮浪漫，可以选择印花裙搭配高领毛衣。拥有明艳色彩和飘逸质感的印花裙，能够打破毛衣的枯燥。尝试利用粉色、明黄进行混搭，让你在寒冷的季节也能变得活力四射。

绣花毛衣秀出精致 193

粗针毛衣演绎活泼狂野，而绣花毛衣截然相反，它没有其他毛衣的粗犷，但却有区别于其他毛衣的精细，用它搭配雪纺材质的连衣裙，可以展现你精致的一面。

粗针手打麻花纹路突出轻松风格 194

麻花纹路的厚毛衣是冬天必不可少的保暖利器，它不仅能够保暖，还能通过搭配实现轻松随性的风格。粗针手打毛衣建议不要穿太多的内搭和外套，外穿搭配围巾即可。

毛衣外套适合骨感身材

长度过膝的大衣款式令毛衣具备更大气的一面，能令骨感身材的女生穿出风尘仆仆的帅气感，避免身材过于单薄。搭配大衣款毛衣最好选择薄料内搭，一件 T 恤或者衬衫足以胜任。

基础色毛衣最百搭

选择毛衣时米白、灰色、卡其色一类的基础色是最百搭的。无论是牛仔裤、黑色裤子或裙子都能穿出时尚感。如果担心搭配太大众化，试试全身清爽的马卡龙色。将饱和度较低的颜色搭在一起很温柔。

堆领毛衣堆出时尚高度

堆领毛衣不同于高领毛衣的地方是，它较多的褶皱能够延伸到胸部，不仅可以修饰胸型不完美的缺憾，还能够通过这些褶皱体现出穿搭的层次来。

圆领套头毛衣让时光逆流

复古风潮来袭，圆领套头毛衣配上格子衬衫与贝蕾帽，外搭一件西装小马甲。古典风格十足的穿搭，能让时光逆流，穿出有质感的复古味道。

蕾丝领开衫打底外搭都很日系

这类带有蕾丝领的开衫，适宜在初春或者初秋的季节穿着。用它来当作外套或者搭在大衣里都很可爱，但不适合上半身较肥胖或者胸部已经很丰满的身材。

毛衣也能搭配夏季单品

即使穿上了毛衣也还是怀念夏天的明媚多彩怎么办？其实秋冬到了并不意味着我们就要收敛起来，厚实温暖的毛衣也能搭配夏季单品。比如，雪纺短裙或是牛仔短裤。为了保暖你可以穿上裤袜或是过膝长靴。

短款毛衣矮个子穿出高挑曲线

短款毛衣从视觉上可以缩小上身比例，达到整体拉长的效果。将腰线提高至胸下位置，延长了下半身的长度，让视觉效果看起来增高很多。

巧用一字领毛衣掩盖平胸肥臀

露肩的一字领毛衣可以突出肩部的曲线，分散他人对臀部注意力,起到平衡上下身作用。如果你还在为胸部太小、臀部丰满而困扰，可以试试一字领毛衣搭配紧身裤。

管好头发高领也能穿出清爽淑女味儿

穿高领毛衣露不出肌肤，在视觉上就会显得沉闷拘谨。禁忌的做法就是任由一头长发披下来。如果你没太多时间打理，只需把脸部两侧的头发轻轻往后夹好，整理好刘海即可清爽出门。

脖子不够长适合半高领毛衣

当脖子不够修长时，穿高领毛衣会暴露缺点，因此选择垂坠在锁骨间或是半高领的毛衣，会在视觉上拉长颈项和锁骨之间的距离，让颈脖看起来更加完美修长。半高领毛衣无论是搭配长裙或阔腿裤装都很合适。

丰满身材 A 字型毛衣是弊端

丰乳翘臀，略带肉感的丰满身材，如果选择上紧下散的 A 字形毛衣则会让你的臀部看起来过于肥胖，暴露丰满体型不好的一面。

俏皮侧马尾破除高领毛衣庄重感

侧马尾发型的不对称感，在视觉上会产生拉长脸形的效果。侧马尾的俏皮平衡了高领的庄重感，避免老气横秋的感觉，演绎出青春的味道。

高挑身材选毛衣也得挑

虽然身材高挑穿衣限制少，但挑选毛衣仍要谨慎。尽量选择紧身、略带光泽的毛衣，它能完美体现出凹凸有致的身材。此外，A 型和 X 型的毛线连衣裙也是不错的选择。

微胖身材适合细线材质毛衣

毛衣根据材质不同会有粗线细线之分。而对于身材瘦弱的人穿粗线宽大版型毛衣会有别致风味。而若身材微胖，细线毛衣会更修身，轻快柔软的面料可从视觉上减少厚重感，显示出身材的玲珑有致，粗线或是兔毛毛衣会让人看起来格外臃肿。

DIY 短发配高领毛衣大脸变小脸

高领毛衣很难选择发型吗？只需把长发编好，再内卷收起来，打造成短发的假相。充满空气感的俏丽短发造型，令高领毛衣变得不再古板严肃，还能兼得大脸变小脸的瘦脸效果。

骨感身材如何穿出“S”曲线

骨感身材可以穿很性感的毛衣，大露背的毛衣是不错的选择。深V领及紧身的长款毛衣是这类身材的禁忌，另外宽松的毛衣则会让你看上去很邋遢，没有精神。

鸡心领巧搭白衬衫突出脸形

在只穿一件薄毛衣即可的季节，如果想为脸形考虑多一些，最佳方案是一件鸡心领的毛衣，内搭白色衬衫，让颈间充满清爽的颜色，会突出脸形和面部气色。

“腰线”对胖女孩更重要

胸和臀的分界线是“腰线”，当把“腰线”定位好时，即使是身材略胖的人也会显得曲线玲珑。在穿毛衣时为了显出腰线，可以把毛衣下摆塞进下装腰头，也可以在毛衣外面系上细腰带会有显瘦作用。

高领也可以很妩媚只要找对发型

将刘海部分挑出来，顺着额头辫好，辫子的尾稍用夹子固定住；将后面的头发盘起，露出发尾部分；用梳子倒梳发尾打毛糙。这款盘发配上黑色高领毛衣，特别妩媚，韵味十足。

“软碰硬”利用皮衣搭出骑士范儿

柔软的毛衣，可以尝试搭配充满不羁味道的硬质皮装小外套。再配一条窄腿裤和骑马靴，软与硬的搭配，让你在女性的柔美中呈现中性的酷帅感。

利用短裙搭出英伦风

简洁鸡心领套头毛衣款式简单非常百搭，可以说是每个衣橱都需要的单品。下身可搭配格纹短裙，靴子选择摇滚风格的及踝靴，英伦风格即刻达成。

216

蜂腰小裙摆毛衣 女人味十足

一款平凡纯色的毛衣，如果拥有蜂腰小裙摆的设计，就会为这毛衣加分不少。纯色的蜂腰小裙摆毛衣，利落而不简单，可以修饰出小蛮腰，还能突显女人曲线，让你看上去身材曼妙。

毛衣扎人怎么办

羊绒羊毛在湿热条件下容易发生恢复形变，造成与皮肤相对运动剧烈，从而感到毛衣扎人。可以把洗毛衣的水温控制在 35 摄氏度左右，用专用中性洗涤剂洗涤，水与洗涤剂的比例为 3 ∶ 1，不要使劲拧绞毛衣，清水洗净即可。

遮赘肉毛衣裙穿出筷子腿

H 型毛衣裙能遮盖恼人的小肚腩；粗棒针毛衣裙是遮肉行家，但手臂相对圆润的女生要尽量避免；百褶款毛衣裙能迅速瘦腿，搭配彩袜就能让双腿从视觉上瘦一圈。

图案决定毛衣风格

复古几何和动物图案都是炙手可热的元素，想要很酷可以选择骷髅头图案，可爱的女生可以选择可爱的动物头像，而要想女人味则可通过红唇图案展现，总之毛衣的图案很重要。

冬日气场女王毛衣也能搞定

北欧风的皮草装饰厚毛衣外套不仅温暖，简单休闲中还带有强大气场。如果嫌这样的搭配过于臃肿，可以配上一条简洁的腰带，这样可以减少臃肿感，展现腰线。

拥有亮片装饰的毛衣吸人眼球

有着刺绣感、亮片或珠珠装饰的图案毛衣绝对是眼下的流行趋势，只需一条简单的紧腿裤、裙装就能轻轻松松穿出时尚感。

毛衣搭配蓬蓬裙可爱无敌

蓬蓬裙有着小公主般的甜美感觉，是小女人不可或缺的单品，也是男生眼中最认可的甜美单品。跟针织毛衣搭配的话，蓬蓬裙可以穿出俏皮可爱的气质，适合约会打扮。

压箱底的厚毛衣搭配新招

粗毛线、分量重、款式厚……去年压箱底的毛衣如何旧衣新穿？这时候只需搭配金属色系的飘逸长裙，上重下轻的搭配轻松搞定压箱底的“土气”毛衣。

大热驼色毛衣怎样穿更有气质

驼色温柔，而驼色毛衣一直永居潮流榜单。让人感觉出女人的感性与温柔，是驼色的魅力所在。为了让驼色毛衣的优势最大限度地释放，可以选择白色或米色的单品来与之搭配。

鲜艳毛衣拯救白领疲惫气色

办公室里，死气沉沉的黑白灰色调，让工作已久的白领气色看起来更为疲惫，偶尔亮色毛衣出现在同事视野中，不仅成为亮点也可以增添轻松愉快的心情，办公效率也翻倍。

增加层次感丰富短款毛衣视觉

短款的毛衣开衫直接搭配衬衫或者单衣难免有些单调，也不适合身材较胖的女生。此时可以通过内搭长款的T恤来增加层次感，还能够起到修身的效果。

长毛衣的第二种穿法

冬日穿起飘逸的雪纺连衣裙稍显单薄，不妨试试将长袖的圆领长毛衣当作罩衫。配上及膝长靴与细腰带，让夏季雪纺连衣裙也能在冬天粉墨登场。

钩花毛衣勾勒窈窕女人味

钩花毛衣能穿出居家随性的甜美味道，但由于属于镂空款式，一定要慎选内搭。一般而言，最好选择纯棉、针织质料的内搭，柔软且富有质感的衣料最适合钩花设计。

街头实穿率最高的大领毛衣外套

穿腻了厚重不轻便的呢子外套，可以选择大领毛衣外套。搭配黑色系铅笔裤，手拿简洁信封包，冬日里也可以精神抖擞地疾走街头。

羊毛衫该如何清洗

羊毛衫最忌的就是机洗，它需要用 40℃水温和专业的洗洁剂。首先把羊毛衫内层外翻，在洗洁剂充分溶解的温水中浸泡 5 分钟，切勿揉搓，这样会使羊毛衫起球。

糖果色清新减龄做小女生

糖果色一直倍受女生的推崇，它不仅鲜艳抢眼，在提亮肤色的同时还能够为你的年龄做减法——让你看上去更有朝气。搭配颜色柔和的配件，让沉闷冬日笼罩梦幻感觉。

偏黄肤色用蓝色调毛衣调和

皮肤偏黄不要穿着过亮颜色的毛衣。相反的，暗色调毛衣才能起到调和肤色的作用。例如酒红色、紫蓝色等，都能令你的肤色在冬日里更加白皙明亮。

毛衣气质随“色”而定

不同的颜色搭配有可能会取得不同的效果。例如，蓝色和白色相配，小清新的感觉跃然眼前；蓝色和黑色搭配，让人显得沉稳大方、自信从容。

羊毛衫的晾晒禁忌

清洗完后的羊毛衫尽量不要放到洗衣机中脱水。晾干时避免阳光暴晒，否则会破坏羊毛的分子结构。如果羊毛衫清洗过后变形，可以用熨斗隔布熨平恢复原形。

健康麦色皮肤的毛衣穿搭技巧

235

健康麦色皮肤禁忌穿灰色、白色及黑色的毛衣，桃红、深红、翠绿等色彩鲜艳的套头毛衫最适合突出开朗的性格，也能增加皮肤的亮度。

兔毛毛衣的保养

毛衣沾染异味，可以放在加了醋的清水中漂洗去除异味。手洗时加少许柔软剂，能够让兔毛保持柔软并且维持毛色崭新。

毛衣起球的原因

起毛起球的原因是毛纤维在摩擦中产生静电，导致绒毛之间纠结缠绕。只要克服了静电，毛衣起球的问题就会迎刃而解。

去除咖啡和红茶渍

毛衣沾到咖啡或者红茶，可用毛巾沾水拧干后及时擦洗。如果沾到牛奶或者其他含奶物时，以少量洗涤剂擦拭。如果污渍留滞已久，则以醋擦拭。

239 去除冰淇淋渍

被冰淇淋弄脏的毛衣，可用柔软的小刷子将干的部分刷去，然后用毛刷沾上洗涤剂轻刷，注意勿刷毛球，最后用毛巾沾水拧干后轻轻擦干即可。

去除口红和粉底渍

冬天穿毛衣很可能擦蹭到脸上的妆容，处理的方法是先用纸巾吸走油分，再用洗涤剂擦拭。擦拭时需注意方向由外向内，以避免污渍越擦越大。

弱碱洗涤剂去除染发剂渍

染发不小心把毛衣也染了怎么办？可以先用弱碱洗涤剂轻擦去掉大部分颜色，然后用肥皂和水擦拭即可。注意，千万不能用双氧水来清洗，否则污渍更难去除。

羊毛衫遇上果汁如何去除

刚沾上果汁时，用湿毛巾或湿纸巾可立刻擦净。果汁污渍停留已久时，也可以撒少量食盐在污渍处，并用水润湿后擦净。

香水也能影响羊毛衫美观

喷香水时应距离不要太近，香水会在羊毛衫上留下斑点。清洗这些斑点可以先撒些食盐，然后沾湿水用软刷子轻轻擦洗，最后用毛巾沾水擦净即可。

毛衣勿做打底衫

许多人为了达到保暖效果，常常把普通毛衣当作打底衫穿着。无论是动物毛还是化纤毛，都不是透气吸汗的材质，长期以毛衣贴身穿着会阻碍排湿，引起毛囊炎等皮肤问题。

毛衣前短后长更修身

如果你刚好穿了一条适合露出腰部的裤子，那么试着把毛衣的前摆束进裤腰里，后摆自然垂在外面。这种前短后长的穿法更修身。通往时尚的捷径也就是这么简单。

上宽下紧的穿衣模式适合大多数人

懂得找一件紧身铅笔裤搭配毛衣，你就拥有永远不会出错的穿衣思路。如果不是对身材信心百倍，不要尝试上宽下松的搭配，这种“仙”派穿衣风格会让你的身材荡然无存。

细腰带更适合宽松的毛衣

别试图拿宽腰带搭配宽松的毛衣，否则你的粗腰会更加突出。搭配毛衣尽量选择较细的腰带，能稍微束一下、突出层次即可，切忌完全依照腰围把毛衣捆起来。

及胯短款毛衣显高挑

长度到胯骨位置的短款毛衣能显得双腿细长。如果你没有纤细双腿，尽量不要选择长度超过臀部的毛衣，否则你的比例就会缩短，再时髦的毛衣也会成为败笔。

249

毛衣配雪纺材质最入时

轻盈的雪纺能减轻毛衣的厚重感，对娇小女生而言，这种穿法能让她们避重就轻，显得乖巧轻盈。娇小女生切忌用毛衣搭配牛仔、麂皮绒等厚实的质料，会显得沉重笨拙。

夏日单品搭配毛衣可穿两季

夏日的印花连衣裙秋天一样可以穿，只需搭配纯色的毛衣外套，不仅能遮住秋天的寒意，还能让你在秋天更有风情，也增添几分慵懒感。

腹部微胖选择A形毛衣

贴身毛衣对身材曲线会毫不隐瞒，如果腹部微胖，一定要选择从胸线位置就打开的A形毛衣，也称伞形毛衣。搭配高腰伞裙，就能瞒住水桶腰和游泳圈，穿出苗条身材。

长款毛衣下摆勿过膝

长款毛衣虽然休闲随性，但是却会拖了身高的后腿！下摆超过膝盖无疑会令你变成腿部粗短的哈比族。虽然长款毛衣能掩饰赘肉，但是也忌讳太长、太宽松。

粗棒针毛衣不适合娇小女生

厚重密实的棒针编织方法容易带来压迫感，娇小女生穿着它会显得笨重老成。在身高允许的前提下，粗棒针毛衣也不宜内搭过厚的衣服，松动性略大一些会更加时髦。

镂空针织毛衣如何搭出年轻感

针织弹性效果佳，衣身下摆有毛衣厚重质地，跟镂空形成对比效果，里面的打底衫隐约可见，带点性感，使青春更富有魅力。

CHAPTER 4

外套

巧搭外套
温度风度两相宜

穿大衣时卷起袖管更时尚

部分 Oversized 大衣本身是九分袖，可以卷起袖管与露出脚踝，增加利落与活泼感。如果怕冷可以选择合适的内搭上衣，伸出大衣袖口，以及保暖个性的袜子搭配浅口鞋，既没有损失温暖又增加时尚个性感。

户外型羽绒服着重颜色

户外羽绒服的颜色，也是跟着时尚在逐渐地变化，但因为户外运动的特殊性，与休闲羽绒服相比还是有特殊性的，它们更加倾向于鲜艳、色彩饱和度高的颜色。

穿大衣时注意内搭衣饰的比例

Oversized 大衣帅气有型，但是对于缺少身高优势的女生并不好驾驭。此时可以内搭选择短板上衣，或高腰下装，或者背带裤来搭配。目的就是拉长下身比例，让焦点上移，Oversized 大衣就显得不会过于宽大。

清洗羽绒服要用专用洗涤液

羽绒服内的禽类羽绒为蛋白质纤维，若使用肥皂或普通洗衣粉清洗会使羽绒服失去柔润、弹性和光泽，变得干燥、发硬和老化，会减短羽绒服的使用寿命，所以要用专用洗涤液清洗羽绒服。

扎上腰带驾 Oversized 大衣

拥有厚重感的 Oversized 大衣是冬季的大热单品，它宽大的廓型能带来率性的气势。但是对于骨架小的女生，穿 Oversized 大衣时可以扎上腰带制造腰身，展现曲线的同时也不会让 Oversized 大衣看起来过于肥大。

羽绒服挑选看这些方面

如果要购买羽绒服，不管是休闲类型的还是户外类型的，都是要从填充物、羽绒、含绒量、充绒量、蓬松度这几个方面来挑选。

明亮色调的大衣能减少压迫感

为了符合肃杀萧瑟的秋冬，秋冬大衣通常喜欢选择黑白灰等冷色系为主色调。但是这样往往不够出彩，而且会让本身就厚实的大衣变得更为沉重，因此选择明亮色系，不只吸睛还能减轻大衣给人的压迫感。

不规则剪裁风衣增加甜美气质

采用雪纺等较柔软质地做成的风衣，领子有着不规则的剪裁设计，这些灵动的曲线可以增加女性甜美度，在初春的暖阳里，是你不能少的甜美选择。

收腰羽绒服让冬天不再臃肿

冬季羽绒服虽然保暖，但是总会给人十分臃肿的感觉。选择收腰的羽绒服款式，不仅能改变身体比例，也能在冬天体现动人曲线。

小宝宝不宜穿羽绒服 264

小宝宝比较适合穿棉衣，一是因为宝宝体质和抵抗力一般较差，容易产生过敏反应；二是宝宝自身体温调节能力比成人要弱，羽绒服可能会引起体温升高。

反季购买羽绒服最划算

羽绒服作为价格较高的服装类别，原本价格不菲，想选购心仪、御寒能力高的羽绒服最好是在春夏季，这样就可以让你在预算内购入档次高、质量好的冬季防寒圣物。

购买适合自己的羽绒服 266

购买羽绒服要根据自己的需要来决定厚度与款式，如体质怕冷可以选择中长款甚至长款羽绒服保暖御寒，想凸显姣好的身材比例也不妨可以尝试短款羽绒服。

哪种羽绒更暖和

有某些商家宣称鹅绒填充物要比鸭绒暖和，从而抬高它的价钱。其实鹅绒与鸭绒的保暖性相差无几，一般白鸭绒和灰鸭绒的选择是根据服装面料颜色深浅来决定的。

溜肩可用硬朗线条修饰

肩膀线条不完美，可以选择有肩线的风衣，硬朗的材质与线条可以很好地修饰你的肩部曲线，让整个人看起来更挺拔。

打破正常大衣比例的穿法 269

选择九分或紧身或窄脚裤来搭配短靴，能够打乱原有的比例，很适合用来搭配Oversized大衣。这是一种反其道而行之的穿搭方式，关键之处在于短靴最好是贴合脚型的细腻高跟靴。

巧卷袖管突显身材

风衣通常都比较大、比较长，导致休闲风衣穿起来会略显肥胖。为了避免显胖，可以将袖管卷起来，露出纤细的手腕。

粗壮肩膀你需要风衣遮掩

上肢粗壮的身材，选择风衣需要注意肩线的设计，没有明显肩线的风衣可以让肩膀看上去不那么宽大，能很好地掩饰身材的缺陷。

如何选购风衣

风衣是秋冬必备的外套款式，就连初春都能够用得上它。在选购它时，需要考虑风衣的细节、布料、剪裁、颜色这些问题。

滑雪运动如何挑选羽绒服

适合滑雪用的羽绒服应该是透气效果好，不能太厚，贴身设计防止风阻效应，面料耐磨强度高。

适合长途旅行的羽绒服

长途旅行时间较长，所经过的环境差异也大，所以在羽绒服上的要求必须是体积小、重量轻、便于收纳。

穿出纤细小蛮腰

干净的色彩，带有腰带的风衣，穿起来不仅不显宽大，腰带的设计，修身又干练，是深秋避风的好选择。

风衣小心机裙摆设计更出色 276

由于风衣的长度，很多人都把它当作连衣裙来穿。如果选择有裙摆的风衣当作连衣裙，简约而干练，还能体现女人味儿。

短款风衣迅速拉长腿部曲线 277

对于身长腿短的人来说，中长度的风衣并不是最好的选择。短款风衣搭配腰带，可以轻松掩饰你的比例缺陷，搭配高跟鞋更能拉长腿部曲线。

皮衣要遵循的配色法则 278

由于皮衣面料颜色大多都以黑色、黄色、灰色及白色为主，很少有鲜艳的颜色，所以在搭配上也要选择相同色系的衣物，才能和谐统一。

优雅知性印花丝质风衣 279

风衣的质地从厚到薄，不同的质地给人不同的感觉。而丝质的薄款风衣在春季最为优雅，它可以显示出女人的成熟与高贵的一面，印花的图案搭配简单的黑色系裤子就可以很美。

宽大大衣适合多层次穿搭

由于宽大号的大衣尺寸大，在内搭的层次上给出了很大空间。可以把西服外套、机车夹克及其他更为收身的外套穿在这种大衣里面，即使穿很多层也不会显臃肿。试试将薄棉衣穿在里面也很有时尚感。

工装范儿风衣外套尽显冬季个性

带点工装风格设计的风衣外套，改良板无上领大翻领设计，展现大气优雅感，抽绳的设计突显腰线，个性中透出复古韵味。在春秋季不仅御寒还显身姿。

Oversized 大衣搭配短打下身 282

喜欢短裙、短裤、短款连衣裙的女生，也可以尝试内短外长的混合搭配，以此来平衡大衣的厚重感。如果担心冬天冷，厚丝袜配合各种长短靴，能让腿型修长的人更完美地秀出双腿。

圆领皮衣也能穿出淑女范

谁说皮衣只能扮酷？想要穿出柔美风格的你，可以试试圆领皮衣，内搭长款毛衣或者连衣裙都可以很淑女。

怎样选购皮衣

一件好的皮衣不仅要求皮质要优，还要看其缝制是否平整，配件是否牢固，带有毛领的还要检查毛质是否优质，左右是否对称。

厚款大衣适合最有分量的围巾

厚重的大衣自然要用厚重的围巾来搭配，羊毛等材质的围巾如果与轻薄款大衣搭配会显粗犷不和谐。而选择最有分量感的围巾来搭配厚款大衣，不仅时尚，在保暖性上也做到了最佳。

皮质外套的材料

皮衣的制作材料分为动物皮和人造革两种。一般动物皮制作的皮衣质地柔软、味道小、透气性好；而人造革制作的皮衣有很强的塑料味，透气性差。

延长皮衣寿命的保养法

皮衣有种面料是水洗皮，也就是说可以用水直接清洗。除此之外，皮衣切勿用清水直接清洗，要用专业的洗涤剂与皮油来保养，特别脏的时候最好干洗。

暖色外套让破洞牛仔裤更柔和

如果内搭选择了率性 T 恤，和破洞牛仔裤可以用一件色调柔和的外套来搭配。粉色或是肉橘色等暖色调的外套，会让整体风格变得更柔和，冲带破洞牛仔裤和 T 恤带来的夸张感。

硬朗皮衣穿出甜美气质

皮衣总给人很硬朗的感觉，但是当它遇上柔美的裙装，不仅能够修饰身体比例，还能在硬朗中体现女性柔美的一面。

潮人的皮衣穿搭秘诀

穿皮衣酷感十足，而披在肩上，则潮味儿尽显。搭配信封包与金属配饰，还有扮酷必不可少的墨镜，街拍潮人非你莫属。

铆钉皮夹克酷感十足

铆钉的金属材质配上皮革的光泽，给人一种酷酷的感觉。用它搭配黑色紧身裤与皮质短靴，冬天保暖又帅气。

柔中带刚的温暖搭

针织外套、牛仔上衣的叠搭让造型同时具有温柔和帅气两种特性，围巾和长靴的加入让身材更显修长有致。

巧除冬季火锅尴尬油渍

冬季吃火锅不小心溅到牛仔外套上面的事常有发生。这时你不必整件外套都清洗，可用香蕉水、汽油等来擦洗，然后放入 3% 的盐水里浸泡，再用清水漂洗。

机车皮衣的穿搭技巧

机车皮衣可以很酷也可以很女人味儿。领子直立搭配牛仔短裤，休闲帅气；领子放下内搭雪纺连衣裙就能卸下酷炫的外表，增添女人味儿。

如何选购毛呢大衣

冬季毛呢大衣由于颜色多、款式多而走红，怎样挑选一件好的毛呢大衣呢？最重要的是看它的柔软度与光滑度，以柔软、光滑而富有油润的手感为佳。

不规则剪裁增加灵动感

领子的不规则设计可以增加衣服的灵动感，并且上窄下宽的 A 字形设计可以遮住丰满的臀部与其他多余的赘肉，穿起来十分显瘦。

巧用毛呢大衣色彩衬托完美肤色

如果你的肤色比较暗沉，最好不要挑选黑色、驼色的呢子大衣，可选择较为鲜亮的米色、白色或灰色大衣来衬托一下。

内搭让毛呢大衣更精彩

毛呢大衣大多都是深灰色、驼色等比较暗的色调，这时候需要内搭白色、粉色、浅灰等比较和谐鲜亮的颜色来改善深色毛呢大衣的暗沉。

不用送到干洗店清洁毛呢大衣的妙招

把一条较厚的毛巾放在 30℃左右的温水中，将浸透后的毛巾不要把水拧得太干，放在呢子大衣上，用细棍进行弹性拍打，使呢绒大衣服装内的脏东西跑到热毛巾上，然后洗涤毛巾，这样反复几次即可。

一扣西装简洁性感显胸型

一扣西装在职场上很常见，通常扣子的位置都是在腰部，这颗扣子的位置刚好修饰了腰部的曲线，看上去腰很细，并且合身的剪裁也会让你的胸部的轮廓更加好看。

双排扣西装英伦贵族的优雅演绎

双排扣西装简洁时尚，是职场 OL 的宠爱。它不仅可以修饰腰部曲线，让女性看上去曲线更完美，还在精明干练中透露出英伦风的优雅。

肩章皮衣修饰肩部颈部曲线

肩章皮衣与其他皮衣最大的区别在于它的肩部设计，多了几分军装的影子，而这个小细节让它能够修饰你的肩部曲线。此外，领口的设计也能让颈部线条更为坚挺。

长款毛呢大衣如何搭配

一件长款的毛呢大衣稍微搭配不慎就会让整个人显得臃肿矮小，这时候需要借助一条雪纺材质的长裙内搭，厚重的大衣下若隐若现的雪纺裙摆，能透露出复古、甜美的气息。

如何选择合身的西装外套

西装算是非常严肃正统的一种装束，非常讲究合体修身。职业的西装外套要从身材、职业、年龄方面考虑适合自己身份的面料、款型、色彩，才能制作出一件符合自己的西装外套。

双排扣大衣永不退出 T 台的时尚经典

经典的东西永远都不衰竭，双排扣大衣向来都给人很英伦的感觉，它不仅可以搭配正式一点的服装，也可以搭配休闲风格的服装，穿搭非常活跃和灵活。

蝴蝶结元素增添可爱度

毛呢大衣一般给人厚重沉稳的感觉，冬季想增加自己的甜美可爱度，不需要太多甜美的饰品搭配，只需添加毛呢大衣上蝴蝶结腰带的配饰，也可以成为甜心公主。

修长的同色西装搭

夏日薄款的西装搭配同色系与同材质的西装短裤，上身感觉帅气利落，而将西装短裤扎腰穿上，可以延长腿部曲线，整体看上去更修长。

奢华无限皮草毛呢大衣

当毛呢遇上皮草，整个大衣的基调都很奢华，非常适合冬季出席晚宴的时候穿，里面搭一条修身礼服，加上一个宴会包，赴宴得体又大方。

连帽毛呢大衣保持住优美形态

很多女性在身体疲惫时都会放松背部肌肉，这样就会让整个人的气质下降。如果毛呢大衣是连帽款，不仅可以帮助掩饰你的形态，还增添了几份俏皮感，给人活力四射的感觉。

310

西装大衣穿出女王气质

冬季大衣很多款式都是从西装演变的，中等长度的西装外套，搭配复古纹样的高腰短裙，不仅突显比例，还能穿出女王范儿。

311 蕾丝小西装约会职场两相宜

蕾丝纹样的西装外套本身就很甜美，内搭糖果色的修身款连衣裙，约会职场两相宜，甜美中透露出女性的干练。

312 牛仔外套和牛仔裤一样不需要清洗吗

新买来的牛仔外套与牛仔裤一样平时要注意保养，才能保持它的款型与颜色。尽量 6~12 个月清洗一次，并且不能用洗衣机洗。

牛仔外套清洗前别忘保色处理

为了防止牛仔外套褪色，在清洗之前一定要做保色处理。保色处理其实非常简便，洗前将牛仔裤浸放在有水的盆内，然后放入两勺白醋，浸泡约半小时即可。

314 复古花样西装征服有方

近年来，大热的碎花也延续到西装上，带有花样的西装短款外套内搭牛仔背带裤，时尚俏皮。而搭上哈伦裤，则巧妙地掩饰了粗腿与肥臀的弊端，更显女人味儿。

315 巧除西装褶皱

微皱的西服挂一夜就可以恢复，或是挂在浴室里，让洗澡时的热气蒸一蒸，便可消除皱折；如果西装已经皱得不像话，在熨烫时要特别注意温度，尽量烫衣服的反面，或者在衣服与熨斗间放一块布。

冬季羔羊领扮嫩保暖都可以 316

牛仔材质的厚度加上内置的羔羊毛，可以让你在整个冬季都暖洋洋的。白配蓝的色彩，在冬季也十分小清新，是冬季值得拥有的外套之一。

初识牛仔布料 317

目前国内外较流行的牛仔布品种主要是环锭纱牛仔布、经纬向竹节牛仔布、超靛蓝染色牛仔布、套色或什色牛仔布，以及纬向弹力牛仔布等，不同的牛仔布料给人带来的视觉效果也不同。

牛仔外套穿出公主气息 318

超短款的浅色牛仔衣搭配白色的纺纱连衣裙，整个人公主气质尽显无遗，这样的搭配特别适合手臂与臀部肉多的女性。

西部风写照短装牛仔衣

短款的牛仔衣搭配紧身背心，身材苗条的女性还可以稍微露脐，加上紧身牛仔裤与豹纹长靴，甜辣味浓郁，配上复古红唇更有女性的野性之美。

圆领牛仔外套穿出韩国女生腔调

在春季温差较大的季节里，用浅色的圆领牛仔外套，搭配蕾丝连衣裙，不仅甜美还能解决温差问题，再配上一些珍珠类的饰品，更有韩范儿。

背宽缺点叉肩牛仔外套帮你掩饰

背宽是每个女性都很困扰的事情，不仅让人看起来高大威猛，也缺少女人气息。而巧用叉肩的色差，破除背部一字的线条，可以让你看起来不那么宽大。

毛边牛仔背心巧扮波希米亚风

夏日度假，长裙当道。一件袖口与腰部带有毛边的牛仔背心，搭配一条波希米亚风格的长裙，可以让你在海岛上成为最有风情的花朵，配上一条有辫子纹路或者带有流苏的腰带，那就更完美了。

西装马甲休闲出行

彩色的西装马甲只需简单地搭配一件白色 T 恤和牛仔短裤就能很休闲，也很舒适，这种搭配比较适合手臂和腿部曲线较完美的身型。

摩登无领口设计独特张扬

别致的无领口设计的西装，不仅能够拉长脸部线条，让圆脸略显瘦小，最重要的是减少了领子设计后给人一种清爽的感觉，看上去十分轻松活泼。

舒适至上最舒服的牛仔外套穿搭

牛仔外套不一定要搭配牛仔裤，牛仔裤有时候太紧会不舒服。这时候可以用棉质的修身长裙代替，不仅透气，还能拉长身体比例，休闲舒适。

耸肩西装包臀裙尽显曲线美

中款修身耸肩小西装，立体剪裁的设计，将腰线勾勒完美，肩部微微耸起，不夸张，但提升气质，尤其后背的线条，曲线美展露，搭配包臀裙的话，可以让你的整体曲线显得更为性感动人。

牛仔外套穿出日系小清新

其实牛仔外套的款式都差不多，只需在搭配上面多用心就可以搭出各种不同的风格。推荐碎花蛋糕裙加上及膝鹿皮靴，就可以很日系，还能够遮盖小腿曲线不好看的缺点。

貂皮大衣的存放 328

貂皮大衣禁忌的就是受到摩擦，这样会缩短它的使用寿命，并且让它看起来并不是那么富贵。在存放时应该与真丝材质的衣衫套起来存放，切勿用胶套来保护。

磨旧水洗花纹打破牛仔单一色调 329

经过处理的磨旧水洗纹样的外套，不仅复古还能丰富视觉上色彩，改变牛仔外套色彩和图案单一的特点，如果看腻了牛仔的单色，你不妨可以试试复古的水洗牛仔外套。

垫肩延长肩部线条

许多肩膀比较窄小的女性不敢选择西装的原因之一就是穿上去显得肩部太窄，西装显得很不贴身，这时候选择有垫肩的西装，可以适当地延长肩部长度，让你穿西装也能穿出挺拔的轮廓。

公主装扮貂皮披肩来演绎

选择粉色或者白色的貂皮披肩，搭配有丝光感的公主裙，在冬日不仅暖意洋洋，也让人忘记了貂皮给人的女王印象。

貂皮开衫可以不优雅

说起貂皮大衣，总是给人很优雅奢华的感觉。当内搭了T恤与紧身皮裙，再配些金属配饰，你可以变得很潮、很俏皮。

拼接让貂皮很时尚

貂皮穿不好会给人一种俗气与显老的感觉。如果不是特别能驾驭貂皮大衣的气质，可以选择购买皮质与貂皮的拼接款，这样硬朗的皮质感搭配柔软的貂毛，时尚而高贵，也更加容易驾驭。

让貂皮摆脱“暴发户”的穿搭

深色的貂皮大衣，透着低调的奢华，但是用磨破的牛仔铅笔裤搭配，就不会显得很“暴发户”气质了。

不显臃肿的貂皮搭配方案

貂皮由于比较厚，又有毛毛的发散感，特别不适合身材较胖的女性穿。如果不想看起来那么臃肿，可以试试用貂皮背心，搭配紧身毛衣与靴裤，配上一条腰带，就可以完美地修饰出身体的曲线。

宽松牛仔外套巧遮肉修身街头范儿

Boyfriend风的宽松牛仔外套遮盖了身材上的很多缺陷，比如，不好看的大腿和腰部的小赘肉，内搭一件简单T恤和高腰裤，特别帅气不羁。

如何挑选貂皮大衣

貂皮大衣雍容华贵，价格不菲，上等的貂皮大衣一定要触手柔软，毛质要浓密而富有光泽，毛色一致，没异味。

CHAPTER 5

半身裙

遨游裙的国度
累积性感分数

百褶裙复古的青涩情怀 338

不同于褶裥裙的活褶，百褶裙的褶皱更有规律，裙体为等宽一边倒的明褶和暗褶，它的展开宽度也宽于褶裥裙，更为灵动。

包臀裙女人茧型曲线的魅力 339

一年四季都少不了包臀裙的影子，无论是性感的包臀皮裙还是活泼俏皮的牛仔包臀裙都是各个年龄层女性的最爱，但梨形身材并不适合这种款式的裙子。

让矮个女生显高的短裙装束

个子不高的女生在穿短裙时，最好搭配短外套，让双腿显得更修长。例如浅蓝色毛呢外套内搭白色毛衣，下穿波点短裙，搭配高跟短靴，韩范儿十足的装扮，透着温柔清新的味道。

黑色短裙的彩色系搭配

黑色短裙和彩色上衣搭配应该尽量避免大块纯色的色彩碰撞，而是选择有过渡色作为中和的搭配。亚洲女性肤色普遍偏黄，可以选择更加柔和的颜色，如米色或者奶油色。太深的颜色会让皮肤肤色显得深沉。

任何场合都能穿的窄裙

窄裙是裙子的基本型，是自腰围、臀围至裙摆的线条成直下或下摆稍向内缩、合身而机能性小的裙子。

剪裁立体突显气质的多片裙

多片裙包括四片、六片、八片等，因其多片裁剪，再缝制而成，轮廓感觉立体时尚。

简单易搭的伞裙

伞裙适合许多女生穿搭，更加适合臀肥的梨形身材，这样上窄下宽的设计突出腰部的曲线，也遮住腿部和臀部的赘肉，简单地搭配就能展示好身材。

职场必备西装裙

西装裙通常采用收省、打褶等方法使裙体合身，显示出女性的曲线与干练，因与西装配套穿而得名。

灯笼裙能给身材完美比例

简单不失可爱的灯笼裙利用花苞线条与圆润轮廓，能够很好地展现出腰臀的优美曲线，是遮肉显瘦的法宝。搭配短款上衣让腰线提高，大长腿尽显。无论是小蛮腰或是大长腿都能拥有。

开衩裙演绎性感优雅

夏季凹造型利器开衩裙性感优雅，时尚达人更是将开衩高度再度提升。衩过了膝盖，开到大腿！高开衩裙不拘泥于什么款式和图案，它可以是浪漫印花，也可以是干净裸色系，变成丹宁质地也休闲又时髦。

简单利落钟形裙

钟形裙腰部常以褶饰使裙体蓬起，内加衬里或亚麻布质的衬裙，由于外形似钟而得名。它线条简单利落、实用性强，但又极具女性气质，突显腰部曲线。

性感无比迷你裙

迷你裙以短而得名，它几乎是最短的半身裙，身材火辣的女性通常都非常适合迷女裙，它特别能突显女性的腿部曲线。

修身干练直筒裙

直筒裙非常贴合女性的曲线，从臀部开始就有合理的剪裁，根据长度的不同又可分为短筒裙、中筒裙、长筒裙。

出色立体剪裁花苞裙

裙形如花朵一般，它的不贴合身体臀部设计，有些宽松的圆润的弧形线条，更突出腰部的纤细。

352

A 形裙与身材的最佳配对

上紧下松的 A 形裙，是最能散发女性魅力的样式，但是对于腰部较粗或者有小腹赘肉的女性来说，A 形裙上身效果并不好。

高贵典雅的塔裙

裙体以多层次的横向多片剪接，外形如塔状。通常为及地长裙，每节裙片抽碎褶，产生波浪效果。盛行于欧洲皇室，多用于出席隆重场合，现在的塔裙有长有短，都是便于日常穿搭。

用什么拯救梨形身材

梨形身材的女性可以选择裙摆较为宽松的裙子样式，如伞裙、钟形裙、花苞裙等，这些都可以很好地把缺陷遮挡起来。

裙子荷包有讲究

荷包不仅可以用来装东西，它的位置与款式对于裙子来说都非常考究，有时候一个荷包能决定整款裙子的风格。

不规则剪裁剪出好身材

通常为了改变裙子的单调与死板，设计师会把裙摆设计成不规则的形状，一是让裙子看起来更生动，二是修饰身材的曲线。

随风摇曳长裙

裙子的长度设计在脚踝上下的裙子，多以雪纺、丝绸等比较柔软飘逸的材质作为长裙的面料，这样不仅在风中裙摆随风飘逸，还能突显女性的比例与柔美。

蕾丝拼接皮裙甜美帅气相结合

皮裙通常给人以帅气、酷劲的感觉，若在其中加入蕾丝的元素，有一种甜美风与酷劲的结合，性感与柔美融为一体。搭配细高跟会让整体装扮显得轻松活泼。

图案皮裙更显俏皮

印象里的皮裙都是黑色包臀裙，能突显女性腰部及臀部的曲线美，搭配简约的黑色上衣，是利落的穿法。若选择加入图案的皮裙，会让服装变得更加丰富，不再只是单调的款式而增添趣味性。

美随身动的缠绕裙

缠绕裙用布料缠绕躯干和腿部，用立体裁剪法裁制的裙。因缠绕方法不一，裙式也多种多样。缠绕裙常作为晚礼服，当人体活动时，裙体皱褶的光影效果给人以韵律美感。

矮个女生如何挑选半身裙

个子矮小，腿部不够修长的女生在挑选半身裙时，裙子的长度要么落在膝盖上，要么落在腿肚子下。裙摆的位置就是视觉停留的位置，不要选择中裙，正好长到腿肚子，会让小腿显得更粗短。

伞状裙遮肥臀粗腿

粗腿女生常常会担心夏天穿短裙会暴露自己的缺点，其实粗腿女生只要露对地方、露对方式也会很美。通常来说，粗腿女孩的臀部和大腿根部会偏粗，选择穿上略高于膝盖的伞状短裙就能够轻松把臀部和大腿遮盖住。

修身铅笔裙

最初铅笔裙由于它的外形像叶鞘故被称为“叶鞘裙”，它的裁剪非常贴合女性曲线，通常为了方便走路会在裙子上开叉。

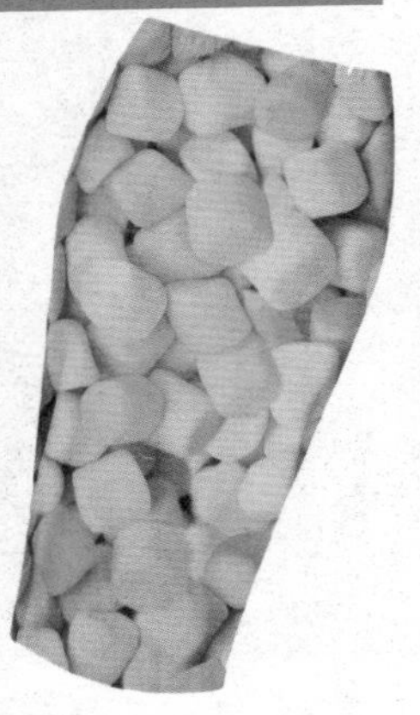

梨形身材女生应该避免的短裙

东方女孩大多都是西洋梨形身材，臀部略微丰腴的女孩最适合穿上 A 字裙和小圆裙，它们会模糊臀部线条达到修饰效果。花苞裙、打摺裤与百褶裙则要尽量避免，这些单品会让臀部看起来大一倍。

高腰设计拉长身材曲线

裙子的腰线上移，做成紧身的束腰元素或者是配上腰带都能够改变身材比例，可以让身材曲线更加完美，不过高腰设计并不适合有小腹的女性。

背带半身裙调理上半身比例

加入了背带的半身裙，会让整个裙子都活泼起来，搭配一件简单的 T 恤或者圆领衬衫，就可以成功地染上复古甜美的学院气息。

扣子让裙子俏皮可爱

扣式的 A 字裙或者直筒裙，给人一种亲切感，像是用衣服改造的一样。扣式设计不仅方便裙子的拆洗，也能够为裙子增添一丝复古俏皮的气息。

矮个子的半身裙禁忌

个子比较娇小的女生在选择半身裙时要注意的是裙子的长度，建议最好不要长于膝盖，这样就会显得整个人更加矮小，比例更加不和谐。

能简就简的配饰突出花苞裙

花苞裙有立体的轮廓感，可以巧妙遮挡臀部和大腿处的赘肉，在花苞裙的搭配上，配饰能简就简，裙子下摆处的收口设计，上宽下窄的造型，夸张了女性曲线，却也摇曳出另一种美。

蛋糕裙如何选搭

迷你蛋糕裙适合腿型漂亮的姑娘，颀长笔直的双腿就是最漂亮的搭配。对于腿型不自信的女孩挑选蛋糕裙的颜色时，以深色为上选，纯色胜于花色。

巧用裙摆遮住粗壮小腿

就算你有相对纤细的大腿，小腿肌肉粗壮也会让整个腿部曲线看起来不美观。在穿半身裙时，可以挑选长度刚好在腿肚位置的款式，露出你纤细的脚踝，让腿部看起来更细更长。

大腿赘肉多怎么穿裙子

大腿部位赘肉多，穿迷你裙肯定将你的缺陷暴露无遗，这时候要在裙子款式上花点小心思，你可以选择花苞裙、缠身裙等裙摆较为宽松，裙子长度也不算短的款式，不仅收腰还能遮住大腿赘肉。

“小腹婆”的裙子穿搭法则

腹部赘肉较多的女性就不要选择收腰和紧身的裙子，特别是高腰紧身裙这类。要选择较为宽松的A字裙、伞裙、百褶裙等。

裙片设计让身材更完美

现在很多半身裙都会加上更多的元素来遮掩身材的缺陷，在髋部位置加入裙片的包臀裙，不仅可以让腰看起来更细，还能让臀部较丰满的女性穿上包臀裙也不觉得别扭。

看起来瘦10斤的穿搭法

身材较胖穿裙子则要避开修身这个词，并且裙子长度也不能太短，膝盖以下最恰当，有适量的褶皱会显得腰细。

大象腿选裙子长度有考究

不是说大象腿就不能穿裙子，而是要避免穿迷你裙、蛋糕裙、蓬蓬裙等比较短、且露腿太多的裙子。

胯大腿粗怎么选半身裙

适当的胯部宽度可以让腰部看起来很细，但是太宽则会显得比例十分不和谐，大腿又粗的话会让整个人看起来十分肥胖，腿部两侧色彩拼接的半身裙可以为你解决这个烦恼。

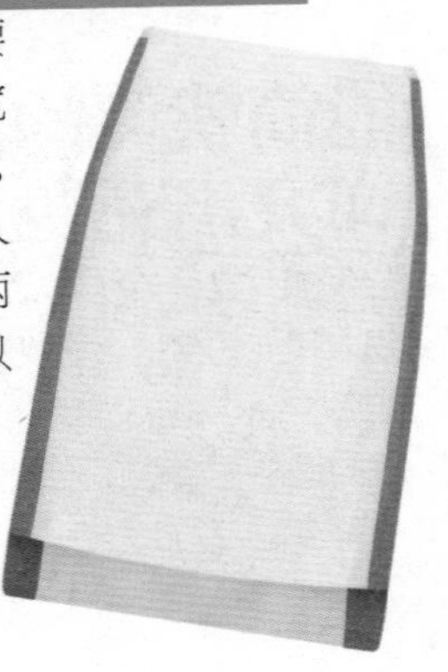

及膝 A 字裙尽显活力

A 字裙风格万象，主要是看你怎么搭配。一条纯色的 A 字及膝裙，配上带有可爱图案的 T 恤，整个夏天看起来都很活力四射。

花苞裙的穿搭法则

在花苞裙的搭配上建议将上衣束进裙子里，能形成最佳的身型比例。高跟鞋也是不可或缺的配件之一。

花苞裙穿出复古名媛气质

立体裁剪的花苞裙设计和裙摆中间的褶皱细节增添了花苞裙的看点，高腰的复古款式很精致，搭配纯白泡泡袖衬衫，营造复古的名媛气质。

蓬松款式半身裙穿出性感小翘臀

臀部比较扁平的女性，最不适合的就是包臀裙、紧身裙等突显臀部曲线的裙子，而是需要用裙子的蓬松来打造臀部的曲线，如花苞裙、伞裙、蓬蓬裙都能穿出小翘臀。

身长腿短巧用高腰调比例

高腰设计可以加长下半身的线条，缩短上半身比例，如果身长腿短，就可以用高腰的半身裙来调整身材比例，最好选择比较修身的高腰裙款式，如铅笔裙、包臀裙等。

383

高腰 A 字裙 复古正流行

浅灰色高腰 A 字裙搭配复古白色圆领衬衫，配上同色系的圆帽与宝蓝色系的腰带和雕花皮鞋，不仅让身材显得更高挑，还带着一种复古甜美的气息。

包臀裙打造时尚通勤装

包臀裙简洁利索，方便行动，所以在职场上也颇受欢迎，它不像西装裙那样中规中矩，只需选择颜色相对严谨、露腿尺度也较少的包臀裙，搭配雪纺上衣或者衬衫就可以轻松上班了。

大量层次蛋糕裙穿进办公室

蛋糕裙太短、太花，很多人都觉得不是很适合穿入办公室。不过在挑选蛋糕裙时可以选择大量层次的堆叠款式，它能减少甜美度，使面料的光泽感制造出高质感的品位，再搭配印花衬衫，优雅中不失时髦感。

小 A 裙摆摆出活力

裙摆相对较小的 A 字裙，长度在膝盖上的都十分突显年轻女性的活力，在颜色上再挑选比较亮眼可爱的颜色，那就更加活泼可爱了。

适合出席宴会的铅笔裙

铅笔裙不仅时尚性感，如果搭配一些亮片或者是金属感的腰带设计，一条颜色沉稳的铅笔裙可以自由出入宴会场合，在突显身材的同时还带着一丝高贵的气质。

碎花图案 A 字裙突显甜美气质

A 字裙的垂坠感与自然的褶皱让人看上去十分舒爽，加上碎花的图案就更为甜美，只需简单地搭配纯色上衣就很完美。

中长款 A 字裙最显瘦

A 字裙裙摆恰好挡住小腿肚的地方，露出纤细的脚踝，让人把注意力转移，会显得更瘦。此外，A 字裙还可以收腰遮小腹，让身段更完美。

材质混搭蓬蓬裙

蓬蓬裙源于欧洲古代贵妇所穿的裙子，它层次丰富、质地蓬松，非常讲究材质的混搭，不同的材质、不同的剪裁让它能分别传达出甜美、顽皮、纯真等不同的气息。

包臀裙冬季也能很性感 

391

夏季、冬季包臀裙从未退出过人们的视野范围，冬季选择呢子、羊毛等保暖性较好的包臀裙，搭配及膝长靴，外面套上大衣，风度温度两相宜。

高腰包臀裙搭出完美曲线 

392

高腰的设计让包臀裙不仅能突显出臀部的曲线，还能够起到收腰的作用。上半身的服装选择要注意修身才能显出完美的“S”形曲线。

条纹直筒裙穿出摩登通勤范 

393

黑白条纹直筒裙简洁干练又不失摩登感，配上相同图案的小西装外套，或者单穿一件白色衬衫也可以成为职场亮点。

花苞裙的休闲搭 

394

清爽的竖条纹海军风格半身裙透着隐约的知性美，中间的蝴蝶结腰带设计增添了裙子的甜美度，搭配T恤轻易将紧致凹凸的身材展现出来，还可以外搭一件小开衫，增添一丝休闲感。

背带伞裙走俏整个夏日 

395

伞裙蓬蓬的外形可以很洒脱、很淑女、很高雅、很活泼，加上背带的伞裙更是俏皮可爱，内搭T恤或者衬衫，都可以让你在整个夏日充满活力。

复古蕾丝边伞裙穿出名媛范儿

干净素雅的颜色与暗暗发光的材质加上裙摆上的复古蕾丝图案，给人一种高贵的气质，上半身选择相同材质与颜色的圆领衬衫，搭配一个宴会包，优雅高贵。

雪纺材质打造性感美腿

运用雪纺纱材质营造出轻盈飘逸的感觉，蓬蓬感的设计是蛋糕短裙的重点，增加了活泼的动感，打造出百分百的性感美腿造型。

牛仔包臀裙休闲清爽搭

牛仔材质总是给人活泼向上的气质，一条简单的牛仔包臀裙搭配印着可爱图案的 T 恤衫，配上帆布鞋，在夏日里既清爽又有朝气。

条纹包臀裙如何穿搭

399

条纹包臀最简单的搭配是基本款白 T 恤，简单的风格能显出清新怡人的气质。而露脐针织上衣搭配条纹包臀裙，能完美凸出身形曲线。同样，拥有几何元素的波点衬衫，与条纹包臀裙搭配，层次分明，很是抢眼。

深秋打造直筒裙层次感

用短裙装制造层次感，不穿长靴让腿部薄起来。膝上直筒裙稍微收拢短外套的宽阔感，然后最大限度地释放双腿，而且注意不穿长靴，否则画蛇添足，打乱了从宽到窄的比例。

只要穿对包臀裙大臀也能变小臀

谁说包臀裙就是小臀的专利，只要选择在胯部上面设计一些小裙摆，就可以轻松遮掩。可以搭配肩膀有些设计的上衣，如垫肩、泡泡袖等，上下对称，看上去更和谐，腰围也会更细。

高腰伞裙让你的身高升！升！升！

身材比较娇小的女生，就需要把握让身体增高的穿衣技巧。迷人娇俏的小伞裙，搭配简约的 T 恤，用高腰来修饰腰身，搭配一双高跟鞋，完美的比例会让你瞬间增高。

学院派的百褶裙搭配

百褶裙从 20 世纪一直流行至今，衬衫上系上蝴蝶结，再搭配一条深蓝色或者黑色的百褶短裙，不可或缺的是学院派包包，浓浓的青春校园气息扑面而来。

巧用伞裙遮赘肉

身材微胖的女性最合适选择伞裙，刚好及膝的长度与蓬松的质感，可以把赘肉隐藏起来，上半身搭配深色 T 恤或是其他款式的服装，都可以显瘦。

超短伞裙打造小蛮腰

伞裙独特的修饰细节可以完美地遮盖宽臀和微粗腿型，浓浓复古味的廓形加上超短的长度，打造出纤细迷人的小蛮腰。

梦幻娇美褶裥裙

褶裥裙通常在臀围以上部位为收拢缉缝的裥，臀围线以下为烫出的活褶，由于活褶的变化而给人一种梦幻的感觉，是女性必须拥有的一种半身裙。

大 A 裙摆飘出女人味

A 字裙的裙摆设计相对较大，且面料选择材质柔软一些的款式，在走路与风吹时，会不经意地增添女人味，成熟而有韵味。

星空色彩染出梦幻甜美

星空颜色扎染的雪纺百褶裙，飘逸感十足，加上前短后长的不对称下摆设计，更加凸显腿部曲线，配上细跟的高跟鞋，腿部曲线更美。

皮裙修护小妙招

冬日紧身皮裙保暖又时尚，但是有时候会不小心刮到或者破损，应及时进行修补。如果是小裂痕，可在裂痕处涂点鸡蛋清，裂痕即可黏合。

甜美可口蛋糕裙

扮嫩减龄是蛋糕裙的长项，犹如蛋糕层层堆叠的裙体，给人一种年轻活泼的朝气，特别适合甜美系的女生。

微胖界的铅笔裙搭配法

黑色铅笔裙搭配一字领蝙蝠袖套头衫，上松下紧，恰到好处，一字领露出优美的颈部线条，增添优雅。全黑造型，别忘记在腰间别一条金色的链式腰带，既显瘦又时尚。

粗腿穿出玲珑曲线

与铅笔裙最能搭配的是紧身上衣，穿在身上同样突显曲线，尤其是那些有小立领子或翻领的上衣，充满了浪漫色彩，让粗壮的大腿淹没在玲珑曲线里。

无痕内裤解决紧身裙烦恼

紧身裙不仅能够显现女人的曲线美，还会让你的内裤痕迹暴露无遗，这时候可以穿丁字裤或者无痕内裤解决这个烦恼。

超短裙的安全措施

超短裙性感惹人爱，但是很多时候会不经意间地走光，所以在穿超短裙时要注意穿一条安全裤来防止走光的尴尬。

雪纺半身裙的保养

雪纺是最容易皱和变形的材质，所以在洗涤后不能用力拧干而是要自然滴干；此外喷洒香水要注意远距离，以免留下黄斑。

百褶裙要保护褶皱

百褶裙的褶皱由于面料的不同很容易变形或者褶皱消失，所以要用到熨斗，但在熨烫的过程中，要注意顺着褶的方向，如果是羊毛材质或者真丝材质，要低温熨烫或者在上面垫一块毛巾再熨。

棉质长裙用腰带搭出完美比例

即使是贴身的棉质长裙，也可以通过腰封来划分身体的比例，提升腰线。在选搭配腰带时，为避免太过突兀，颜色最好与裙装的某个颜色一致或选相同色系。

短裙穿着上移很困扰

很多女性在穿紧身的短裙时，走着走着裙子就会慢慢地往上移动，在路上就要不断地拉扯短裙，这是因为短裙不合适导致，所以不要买太紧或者太松的裙子。

这样搭配下班可以直接去约会

上班的西装短裙搭配普通白衬衫会显得比较干练和职业化，雪纺的可以体现温柔浪漫的气息，不想太单调可以通过不同的小丝巾来调节，配上一些带粉色系的饰品，下班就能马上去约会。

蛋糕裙不止是甜美代名词

纯棉设计让你穿搭舒适，超短的造型设计轻松展现你的性感美腿；早春时节天气还有些微凉，如果怕冷，可加件内搭裤，搭配高跟鞋或是帅气长靴。

同色系内裤夏天穿裙不尴尬

夏日天气炎热，裙子的材质都比较薄，我们不仅要注意衣服的搭配，也要注意，如果穿类似雪纺、纱织类的裙子时要选择同色系或者是浅色的内裤，才能避免其颜色透出的尴尬。

CHAPTER 6

连衣裙

活学活用掌握最实用的一件式穿衣思路

腋下贴身更修身

连衣裙是否修身称体，除了腰部及背部剪裁重要之外，腋下的布料更需要贴身。针对东方人易松弛和突出的腋下赘肉，此处有拼接修身的设计更好。

腰间巧思修饰丰满臀

欧美人臀部丰腴因此流行在裙子的腰间设计上凸出的裙片，以修饰并不纤细的腰部和臀部。这种巧思多见于西式小礼服裙，抛却欲盖弥彰的腰带，同样穿出魔鬼身材。

雪纺裙更易打理

如果你认为棉麻裙子打理起来太麻烦，也总是出现让你烦恼的褶皱，那么还是选择雪纺裙吧！雪纺材质耐穿并且容易清洗，就连一不小心泼洒的果汁都能冲水即净。

压褶适合高挑女生

如果这条裙子上有密集的压褶或者褶叠，那么它一定适合高挑清瘦的女生。稍微丰满点的女生会穿出压褶和褶纹的膨胀感，会比实际看上去要胖。

连衣裙腰部长短很重要

连衣裙由“衣”加“裙”构成，因此连接它们的腰部设计尤其重要。腰部的位置过宽，会使腿部看起来粗短，身材矮小的女生应避免；腰部宽度恰当，身材比例能得到优化。

花苞裙的瘦身小细节

并非每件花苞裙都能穿出 S 码细腰，过于蓬松的裙筒也会显胖。购买花苞裙时一定要检查裙腰下是否有褶皱设计，褶皱可以纤腰，令腰线自然过渡到臀部。

V 领连衣裙大走性感风

喜欢性感风格的女生可以尝试 V 领连衣裙。在领部采用 V 领剪裁设计，不仅能展现出性感的脖颈线条，还能修饰脸形。礼服的 V 领会略带夸张，在日常中穿不太适合，小 V 开口露出锁骨会很美。

一字肩连衣裙展现名媛风

喜欢优雅名媛风的女生可以尝试一字肩的连衣裙，露出肩部的线条，优雅中略带性感。如果腰身版型采用了 A 字的剪裁设计，会更有包容性，有效隐藏腰腹部多余的肉肉，超级显瘦。

430 安全裤防止超短裙走光

超短裙性感惹人爱，但是很多时候就会不经意间走光，所以在穿超短裙时要注意穿一条安全裤来防止走光的尴尬。

431 臀部拧纹能缩小腰围

身材姣好者可能会认为连衣裙总是显得不温不火，错了，也许你错过了臀部拧纹细节。采用这种设计的连衣裙一样能突出凹凸有致的身材，会让腰围比实际上更小一圈。

432 办公室禁忌元素

连衣裙并不在办公室明令禁止的服装禁忌名单之内，但是如果它有下列元素，恐怕会不太得体：镂空、透视、裹身、低领、撞色等，这些元素会毁掉你的专业形象。

圆摆连衣裙会穿才可爱

前摆设计成圆弧的裙摆突出可爱感，能令穿着者迅速减龄。但是由于弧度前弯会令腿型变短，建议搭配有一定高度的高跟鞋，否则裙摆会“吃掉”一部分的身高。

434 开领高低修饰效果大不同

连衣裙的领口开至喉部属于小圆领，能突出胸部，让人注意上围；开领至锁骨属于桃心领，能修饰脸形；开领至乳沟上方属于低领，能突出皮肤质感，骨感者性感而丰腴者会适得其反。

435 茧形连衣裙双腿粗壮不要穿

顾名思义，茧形连衣裙以上宽下窄的剪裁为外形特点，深受追逐复古风潮的女生欢迎。茧形裙对双腿线条极有考验，如果腿部水肿、粗壮会让人产生穿着孕妇装的错觉。

436 方领连衣裙宽肩者要避免

方领除了能展现傲人的锁骨，它还有一个缺点能让原本宽阔的肩膀更宽。此外，手臂健硕、脖子较粗、有驼背现象的女生都不适合选择方领的连衣裙。

历久弥新的波普风格

如果你想得到一件既能让你穿出去和朋友聚会，也能参加派对的裙子，波普风格是首选。选择这类裙子一定要搭配现代感的高跟鞋，简洁的手拿包会让你与众不同。

438

裙摆花样多

不再忠于圆边的裙摆开始出现更多的变化：蕾丝花边、波浪形、斜角形、锯齿形……无论裙摆玩什么花样受益的还是腿部线条，它们成功转移了人们的视线，让双腿巧妙地隐蔽在后。

连帽连衣裙可取代轻便裤装

439

如果你更青睐轻便舒适的穿着风格，不太喜好裙装，可以考虑买过一件连帽连衣裙增加衣橱的多变性。连帽连衣裙通常采用较宽松的剪裁，比裤装轻盈且兼具运动风。

前短后长连衣裙瞒住大腿肌肉

连衣裙的裙摆大有文章，尤其是前短后长的款式，适合大腿肌肉粗壮者穿着。如果你对小腿非常满意，却想对大腿有所隐藏，一定要选择前短后长的连衣裙。

每件连衣裙都有的贴心小设计

细心的你会发现每件连衣裙的腰部内侧都有多出来的布料，这是为了方便穿着者日后修改腰围，可以根据腰围的变化调整宽度。

蕾丝连衣裙适合 H 形身材

H 形身材体型偏瘦弱，胸部和臀部不够丰满，给人一种骨感美。选择连衣裙适合上半身的装饰有蕾丝、褶皱、立体的花朵等，腰间还可以搭配腰带，既能增加全身的丰满度，又能凸显纤细腰部曲线美。

衬衫连衣裙适合会见客户

衬衫连衣裙最适合工作着装，款式选择上可以注意肩膀及腰线的设计，能帮助修饰手部线条，单穿或者搭配线衫做叠搭都可以。如果觉得过于正式，在配件的选择上尽量以单色系简约款为主。

对称图案穿出纤瘦扁身

采用对称图案是设计师在连衣裙上动的小心机，这种中轴对称的图案能集中视线，最大程度地收窄身材的宽度，不需要在剪裁上多么复杂，单凭图案就能巧妙瘦身。

大摆连衣裙瘦腿有秘招

在裙摆使用大量布料、营造堆积效果的连衣裙并非设计师慷慨所为。这种设计强调裙摆的体积感，对比之下，双腿就能显得更加纤细。

牛仔连衣裙更适合骨感美女

牛仔质料有硬度，塑型效果好，能穿出体积感和衣服的廓形来。因此身材骨感的人穿着会比较有型，而身材丰腴的人穿着会显得粗壮笨重。

菱格纹既现代又瘦身

在众多格纹里，菱格是既现代又复古的一种纹路。比起让身材一板一眼的方格而言，菱格能让身材显得瘦长并且笔直，这类连衣裙要选择瘦窄型的菱纹最好。

亮片连衣裙适合私人派对

想要切换 PartyQueen，一条亮片裙就能让你在人群中闪亮，但由于材质的特殊性，在工作时的着装搭配要特别注意，可以用外套遮住大部分的闪亮颜色，配饰的选择上尽量避免过多的金银色。

裙角小开衩 瘦腿大空间

有些裙子会在大腿外侧的裙摆或者大腿前侧开一个小角，虽然只有几厘米的开口，却在行走时让腿部若隐若现，创造好奇空间。同时，避免产生裙摆紧绷造成的粗腿印象。

条纹连衣裙 适合私人活动 450

中长款连衣裙因为身高的限制很多女生都不敢尝试，但其实相对短款，长款连衣裙更显气场，宽条纹的设计及裙摆反而遮盖身材的局限性，可以搭配短靴或者低跟鞋，一件穿出女王范儿。

印花图案也 有瘦身功效

像热带花卉般绚烂浓重的印花图案修身瘦腰，使大家的视线在花团锦簇的障眼法中迷了路，自然看不清你真实的线条。小而精巧的印花图案极挑身材，如果不够匀称要谨慎尝试。

低腰裙适合 胃部凸出者

低腰裙绝对不适合腿短的女生穿着，它的优点是平坦腹部，适合有胃部凸出、小腹凸出的人修饰上半身的线条。低腰连衣裙一般裙摆较短，这也是为了弥补这种裙腰长设计的缺憾。

大波点比小波点更适合肉肉身材

小波点比大波点更显瘦吗？答案是错误的！大波点确实能瞒住发福的身材，而更密集、出现次数更多的小波点会让赘肉无所遁形。

挑选动物纹图案要慎重

动物纹图案是年轻女生选裙子的雷区，一不小心就会踏进时光机迅速变老成。尤其是蟒蛇纹、鳄鱼纹及虎纹更要慎选，豹纹如果选择对比强烈的颜色则会相对时髦。

蕾丝连衣裙适合绝大多数场合

相比其他面料，蕾丝显得面面俱到。只要搭配精致考究的配件，蕾丝就能穿出大气优雅；如果换上平底鞋，蕾丝又能内敛恬静。一件蕾丝连衣裙能满足绝大多数场合。

打底裙和打底裤选谁最好

打底裙只能防止在裙子质料薄透的情况下看到内裤的颜色，并不能彻底防止走光。而打底裤既能避免颜色透出，也可以从各个角度严守裙底，是相当方便实用的单品。

457 卫衣式连衣裙突出休闲风

卫衣式连衣裙穿着起来并无太多身材限制，放宽手臂处因而能修饰粗壮的手臂，腹部也采用娃娃款的宽松设计瞒住身材中段的发胖，适合上半身比较丰腴的女生。

欧根纱连衣裙完成公主梦想

欧根纱最善于捕捉女性脑海中的公主梦想。它属于一种化学纤维，比蕾丝具有硬度，又比纱的密度更大，光泽感更强，如果你对蓬裙尤为中意，那么欧根纱更能诠释出公主感觉。

把连衣裙穿进严肃办公室

是否为了晚上的约会穿了一件碎花连衣裙?没有关系，只要你准备好一件质料挺括的西装式外套，就能很好地融入严肃的办公环境。

460 条纹连衣裙重点在腹部

横条纹连衣裙并不会让女生显得肥胖，但要记得间距最宽的条纹千万不要出现在腹部，否则就会立马毁掉你的身材。最好让它出现在胸部，会让胸部变得丰满。

461 水纹连衣裙勾勒流动感

水纹、波纹、涟漪纹都是夏天常见的图案，选择这类图案时一定要注意和材质相称，雪纺、丝绸最佳，两者结合就能穿出婀娜身段，化解身材平板、骨感硬朗的烦恼。

462 单色连衣裙适合正式活动

单色连衣裙不仅简洁大方也易于搭配，而且还能够展现出女性优雅的气质。工作时可以外搭西装，外批线衫可以有亲和感。如果单穿则可以选择具体有细节感的单品，比如局部镂空或者立体裙摆，优雅的同时更有女人味。

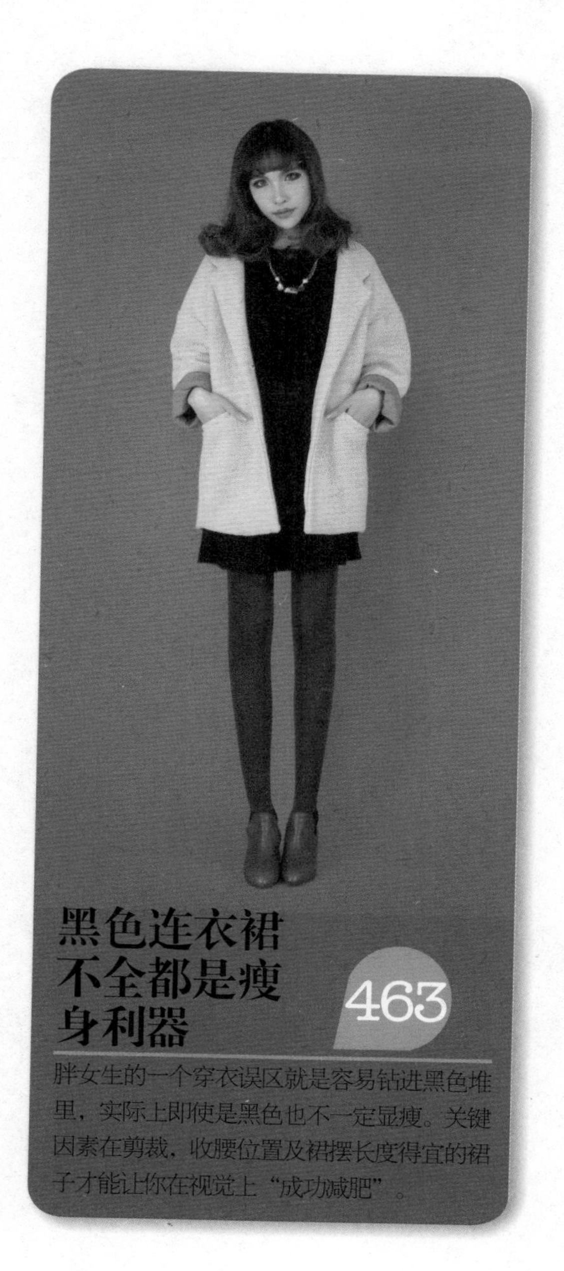

黑色连衣裙不全都是瘦身利器 463

胖女生的一个穿衣误区就是容易钻进黑色堆里，实际上即使是黑色也不一定显瘦。关键因素在剪裁，收腰位置及裙摆长度得宜的裙子才能让你在视觉上“成功减肥”。

条纹联手会更瘦 464

一种条纹能统治一条连衣裙吗？不，这样穿不会瘦。上半身横条纹、下半身竖条纹才是最好的选择。这种布局能突出上围的曲线，并且让你的下身更加纤细动人。

牛仔连衣裙适合同事聚会 465

牛仔裙本身的休闲特质虽然不会特别适合过于正式的场合穿着，但是选对款式也可以巧取做搭配，在款式选择上领部有设计的收腰款最想为你推荐，或者选择丹宁色的连衣裙也可以。在色系选择上，深色系款式更显沉稳。

466

两色镂空裙胖瘦都适宜

当内层为较深色、外层为较浅色时，假两件的模式，能产生立竿见影的瘦身效果。如果你觉得自己的身材偏瘦，也可以通过这样的连衣裙让自己看起来不会过于单薄。

T 恤连衣裙最随性

一直打扮得无懈可击不免有视觉疲劳，偶尔精巧的随意和宽松休闲打扮，却能吸引众人的视线。T 恤连衣裙最适合随性自然的风格，只要在配饰上花点心思，就能穿出时髦高街感。

宫廷风格的连衣裙适合身材匀称者

修身的腰围、隆起的袖子及富有立体感的裙摆，宫廷风格的连衣裙看上去并不难穿，却处处挑剔着穿着者的纤瘦程度，手臂和腰间有肉者都会缺点尽显。

穿白裙先看肤色后看光泽

肤色萎黄且没有光泽者尽量不要穿白色且反光的面料，而肤色接近小麦色并有良好光泽的话，穿白色会显得非常阳光健康。勤去角质维持肌肤透亮是挑战白裙的关键。

蛋糕裙会令臀部增胖

下身丰腴的女生要慎选蛋糕裙，这种层叠的裙摆容易使臀部看起来很胖。相比之下，蛋糕裙更适合臀部扁平、双腿纤细的扁身女生穿着。

全身荧光色骨感为先

荧光色属于扩张色，需配合骨感的身材及精致的脸部。如果这些条件都不满足，一定要缩小荧光色的运用范围，或者选择只有下摆是荧光色的裙款。

一字领连衣裙要注意胸型

一字领连衣裙为了突出简洁的领口，基本很少在前胸位置多加繁复的设计。因此在挑选内衣时一定要小心，避免胸型过于扁平，穿一字领连衣裙时才会更加挺拔。

钟形裙更适合翘臀

如果你通过健身早就练就了结实挺拔的臀部，一定要多尝试钟形裙。这种裙款极受职业模特的欢迎，因为它能提高臀线，搭配高跟鞋后身姿变得高挑挺拔。

裙摆薄透如何选择安全裤

不要根据裙子颜色选安全裤，选择和肤色融为一体的裸色打底才有隐密性。如果担心打底裤过于老土，现在也出现了许多裙裤式打底及打底单裙，同样实用性都很强。

鱼尾连衣裙胜在动感美

如果你喜欢亦步亦趋的飘逸感，鱼尾连衣裙最适合。鱼尾设计对身材虽然不能产生直观的改善效果，但是能增加造型的动感美，让你迅速获得别人的关注。

裙摆露出膝上 10 厘米

如果想要穿出极致美腿，裙摆需露出膝上 10 厘米，露出合理的双腿皮肤，修长美腿立刻呈现！如果能加上一双高跟鞋，走到哪里都是秀场。

挑一件裙子穿遍四季

能穿遍四季的万能裙有如下特点：吊带设计能内搭内衬变秋冬装束、宽松裙身可通过腰带调节裙摆、碎花或者波点图案不退流行，三点均符就是无往不利的百搭单品。

过膝短裙适合搭配长袜

针对正常的腿型，如果遇到裙摆过膝的裙子一定要选择长袜或者不穿袜子。穿踝上短袜等同将腿分割成几个段落，会让原本纤细笔直的腿变短。

H形裙适合大骨架身材

H形裙虽然摩登有型，但是不适合骨架小的女生，会产生“偷穿妈妈衣服”的反效果。H形裙适合大骨架身材，尤其是钟爱欧美风的人，一定会喜欢H形裙的酷和帅。

无痕内裤是包臀裙的首选

包臀裙和肌肤一样一定要“紧致”才好看，可是平时的内裤会印出内裤的纹路，让穿上包臀裙的你有些许尴尬，穿包臀裙时只需选择无痕内裤或者丁字裤就可以解决这样的困扰。

穿长裙也有长度要求

并不是每个人都适合及地长裙，个子娇小的女生尽量让裙摆保持在脚踝水平位置，露出脚踝的裙子才会活色生香、跃然动人。

穆穆袍诠释海岛浪漫风

穆穆袍（muumuu）是一种色彩鲜艳的女士宽大长袍，最初是夏威夷女性所穿，最近流行甚广。穆穆袍适合上身纤瘦下身略胖的女生穿着，搭配平底凉鞋，把海岛风穿在身上。

骑车如何防止裙摆走光

避免穿窄裙骑车，如果不巧穿了的话可以用一件衬衫反系在腰上，利用衬衫挡住大腿及裙口就能起到防晒又防走光的作用。同样，一件漂亮的大方巾也可以帮你做到。

腹部有肉选择抽绳设计

抽绳设计一般用在运动服装上，便于穿着者随时调整腰围。这种设计现在也频繁出现在休闲风格的连衣裙上。如果腹部有赘肉，并且腰围不稳定，可以选择抽绳设计。

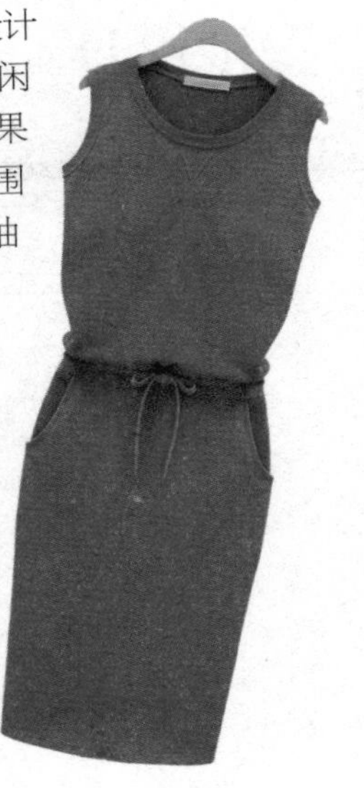

一双丝袜改变包臀裙 485

如果你确定今天想性感一些，可以用深色丝袜搭配包臀裙，穿出艳丽魅惑气质；但是回到工作日，你必须知道及时去掉丝袜，让包臀裙变得正式一些。

裙片拼接更瘦身

486

普通连衣裙穿起来还是肉肉的怎么办？把注意力放到裙摆吧！如果新裙子的裙摆由多片布料拼接而成，这种多裙片拼接的设计无疑更贴身，让连衣裙完全等于你的第二层皮肤。

衬衫式连衣裙适合上班通勤

开襟排扣式的衬衫裙有普通裙子没有的利落感，在开襟衬衫裙下叠搭一件九分铅笔裤是一种不失活力的穿着法。也是办公室穿搭技巧中很好运用的一种叠搭方法。

穿窄裙如何落座防止走光

落座时使左右两腿微微交叉，前腿挡住窄裙裙口就能避免正面走光。侧一个方向慢慢落座或者用手上的包包压一下裙摆，也能防止窄裙正面失守。

连身裙裤更便捷

如果你是每天依靠公交车往返的上班族，可以选择这种连身裙裤的套装。从外观上看它是毫无争议的裙子，却有短裤的贴心设计，可以避免很多走光的担忧。

巧妙坐姿死守短裙防线

穿着超短裙或者超窄裙时，要选择偏高的椅子来坐，坐下时如果屈膝的角度小于90度，那么会有很大的走光风险。坐椅子不要坐得太深，稍稍倚坐在椅子边缘最安全。

491

并不是只有窄裙才需要打底

窄裙才险象万生吗？错了，大摆裙同样也有安全漏洞。伞形裙、A 字裙等大摆裙都必须防范裙底偷拍，解决方案是最好准备一件平角的打底安全裤。

和他人相对而坐怎样避免走光 492

在地铁或者公交车上，敞开的裙口容易被别人偷窥。坐的时候一定要侧身坐，借助包包或者雨伞等工具压住大腿上的裙摆，如果这些都没有，可以把裙摆掖进大腿中间夹紧。

大风天气如何防止裙摆飞扬走光 493

捂着裙摆是错误的方法，因为也许顾得了前方，后面也会彻底曝光。正确的方法是，马上抓住两边裙角，往前轻扯，只要抓住两边裙角，裙子就牢牢被自己控制了。

直筒版型印花裙更适合夏天

印花元素连衣裙是夏天最受欢迎的单品，极具视觉冲击力的印花能给造型增添趣味感和时髦度。而宽松直筒的版型，可以解放身体，拥有极佳的舒适随意性。并且能够很好地隐藏腿部和腹部赘肉。

蕾丝裙不搭蕾丝袜

全身都用蕾丝并不是个好主意，选择蕾丝裙时，一定不要选择质料也是蕾丝的长袜。可以选择涤纶或者棉质长袜，不要让蕾丝显得过于“横行霸道”。

乘坐手扶电梯和观光梯时如何守住裙底

穿着高跟鞋的女生把脚并拢会难以保持平衡，建议用丁字步站立，利用双腿交叉挡住裙摆的开口。如果裙子质料比较挺括，不像雪纺垂顺则容易走光，应该要自备打底单品。

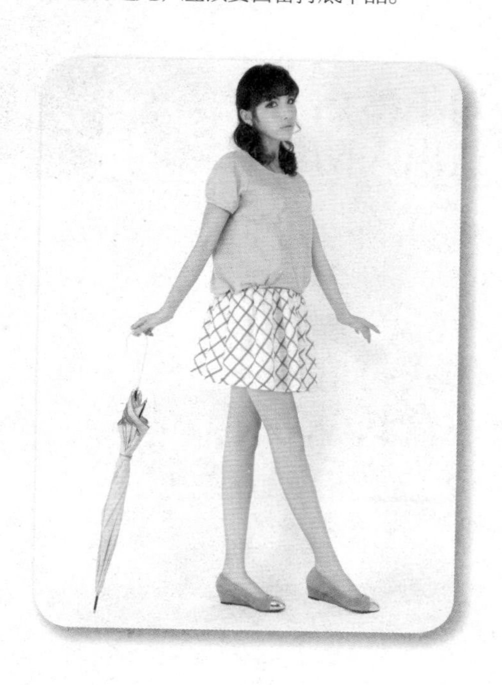

穿着短裙上下车如何防止走光

上车时扶着车座，先坐到座位上再把两腿伸进车厢；下车时要把身体转到和车门平行的角度，外侧腿先下车，身体离开座位后再迈内侧腿就可以避免走光。

连身吊带裙走光防线有关键

吊带裙最难防守的是上围处，尤其是在穿着者弯腰的时候。一是要确认吊带是弹性材料，不易形成胸前的空档；二是最好选择抹胸式内衣，让贪婪的眼光毫无空隙可钻。

善用小披肩打造出入防线

明星们都是这样做的：为自己的性感露背裙挑一件小披肩，用于往返路上的遮挡。这样搭配，不仅得体而且还防止好事者偷窥，一举两得。

连体式打底衣更适合长款连身裙

全身镂空的长款连身裙怎么穿才得体？当然分截式打底不妥，一定要选择连体式的打底衣，否则会让身材被切割成多段，影响全身比例的呈现。

连衣裙的腰带并非画蛇添足

有些紧身连衣裙会再设计一条腰带，这并非画蛇添足。腰带的作用是加强腰围的收窄作用，你会发现这种起障眼法的腰带越宽，收腰效果越好。

拼接式连衣裙穿着率更高

上身和下身分别采用不同颜色的布料或者设计，看上去就像是两件单品组合而成。这种拼接式连衣裙百搭实穿，配上外套就能呈现不同风格，解决懒女生的搭配烦恼。

高叉裙怎么防止走光

高叉裙走光主要发生在不注意站姿、走姿的时候，左右腿一前一后角度过大会不慎露底。最好的防守方案是穿平角打底裤，尤其是走楼梯时可以用手上的包包遮挡裙摆的开叉处。

泡泡袖连衣裙适合 O 形身材

O 形身材是肩部窄、腰部臀部丰满，腿部细，给人一种圆润的感觉。泡泡袖或带垫肩的连衣裙能掩盖住 O 形肩部窄的缺点。想要更显曼妙身体曲线美，选择全身竖条纹的裙子，会凸显高挑显瘦好身材。

505

利用发型巧遮大尺度连身裙

上围太裸露的裙子会造成不安全感。如果在意开领过低的裙子可以借助发型予以遮挡，搭配层叠饰品也可以为空荡荡的胸前遮羞。

CHAPTER 7

裤装

晋升时尚咖
穿出四季优雅风尚

热裤最热的潮品

热裤是夏天必备的时尚单品，清爽简短的款式，搭配 T 恤、衬衫等上衣都无不妥，但是并不适合大腿较粗的女性。

哈伦裤引领时尚范儿

哈伦裤在臀部的部分宽松剪裁，而从小腿开始收紧，卷边后露出一寸脚踝，显瘦同时休闲感十足，特别适合臀肥腿粗的女性。

五分裤五分长度十分百搭

无论搭配长靴还是高跟鞋、平底鞋都相得益彰的五分裤，恰好可以通过不同的搭配突显你的窈窕身姿，但小腿特别粗壮的女性要谨慎购入。

七分裤潮流还能遮粗腿

利落简约的七分裤采用修身的剪裁让很多女性钟意不已，不仅可以把粗腿遮住，走起路来也不会累赘，无论哪种腿型都很适合穿。

九分裤拉长腿部最靠谱

九分裤长度刚好在纤细的脚踝上下，随便搭配一双高跟凉鞋就可以轻松拉长腿部线条，对于修正腿部曲线或者对腿长不理想的女性算是一种福音。

阔腿裤搭配高跟鞋能拉长线条

具有夸张视觉效果的阔腿裤搭配一双超高跟鞋，就能让下半身的线条变得更为纤长。无论是高个女生还是矮个女生都能让身材比例显得更高挑。具有特殊面料设计的阔腿裤，拥有精美的细节设计更展现品位。

裙裤搭配短上衣更显好身材

裙裤不仅能有效修饰下半身的小问题，还能拉长腿部比例穿出修长感。短款上衣搭配高腰的裙裤会更显挺拔好身材。棉质的裙裤也是体现质感的最佳选择，长度随性，记得裤腿要很大!

低腰裤最适合梨形身材

以臀部为支撑点的低腰裤，就能为梨形身材的女性解决“不是臀部太紧，就是腰部太松”的问题；对于身材修长的“衣服架子”来说，低腰裤拉长了腰线，且突出纤细的腰部曲线。

高腰裤提高腰线最在行

高腰短裤能够最大化地提高腰线，拉长腿部线条，同时上半身也随之显得更加的迷你，显瘦的同时还有视觉上的增高效果，但腰部赘肉较多的女性要谨慎选择。

喇叭裤复古摩登单品

喇叭裤的风潮从 20 世纪延续至今，微喇的裤脚配上尖头高跟鞋是复古摩登的穿搭，不仅体现出女性特立独行的一面，还很有女人味。

健美裤 90 年代的摩登单品

健美裤是流行于 20 世纪 80~90 年代的一种服饰。穿上它，贴身、臀部浑圆，可以显示出苗条身材和健美修长的腿型。不过根据潮流的发展，它已经慢慢淡出时尚界。

连身裤性感活泼一把抓 517

活泼的背带裤，性感的吊带连身裤……总之不同款式的连身裤有不同的感觉，要根据你的个性选择最适合你的连身裤。

“纸袋裤”拯救水桶腰

“纸袋裤”是在高腰裤的基础上，将腰部向外扩散开的叠褶，配上腰带和皮带，就像用绳子封口的牛皮纸袋一样，形成超高腰的视觉效果。帮助水桶腰身形的女生打造小蛮腰的错觉。

高腰短裤搭配攻略

牛仔高腰短裤与 T 恤搭配，既简约又舒适。再搭配一双有特色的凉鞋，增加亮点，就是一身简约时尚穿搭。选择凸显腰身的高腰剪裁，时髦的侧边开衩设计则赋予其灵活自在的穿着体验。

西裤优雅而正式

西裤的剪裁与材质十分讲究，一般适合在比较正式的场合上与西装配套穿，是每个白领必备的职业裤装。

裙裤最甜美的裤子

裙裤的裤管较大，穿起来与裙子十分相似，但它却不容易走光。如果想要甜美装扮又考虑到安全防线的问题，选择裙裤最合适。

裤边细节让你更女人

短裤不仅运动休闲，也能耍酷。但裤边加入蕾丝边或者荷叶边，不仅增添短裤的甜美度，配上雪纺上衣，还能将女人的柔美展现得淋漓尽致。

西装与热裤长短混搭最显瘦

西装简洁帅气，热裤性感时尚，它们结合不但不冲突，而且修身的西装不仅收腰还拉长腿部曲线，用热裤露出纤细的大腿，这种潇洒帅气的装扮特别适合初秋时穿搭。

打底裤一年四季都需要它

冬季打底裤不仅起到保暖作用，搭配靴子或高跟鞋，还可以拉长腿部线条。而夏季打底裤不仅运动活泼，还能够防走光。总之，一年四季总会用到它。

完美腿型适合铅笔裤

紧身的铅笔裤，对腿型修饰改善作用不大，却能放大修长美腿的优势，因此是拥有完美腿型的女生必备。单品适配每个年龄层，体型略胖的女生可以选择硬质感的面料，从颜色上来讲，深色的铅笔裤一定是最显瘦的。

臀部偏宽不适合烟管裤

烟管裤和铅笔裤都类似于小直筒裤，它从大腿根开始纤细地垂直下来，像香烟一样细直，但又与你的肌肤留有微妙的空余。能够打造出长直的腿型又不完全暴露你的腿部。不过臀宽偏大的女生不大合适，腿型不太好却细的女生值得尝试。

运动裤最舒适的裤子

运动裤一般只能在运动休闲的场合出现，主要是以吸汗透气的布料取胜，一般搭配运动卫衣或者 T 恤等比较舒适的上衣。

胯部太宽如何挑选热裤

胯部宽穿热裤会显得下身粗壮，这时可以选择裙式短裤，前裆位置的裙摆设计可以使视线转移，流畅的褶皱也能遮盖胯部太宽的事实。

牛仔热裤显腿短怎么办 529

你可以选择嬉皮味十足的露出内袋的热裤款式，它会遮掉一部分你十分介意的赘肉。另外，及膝长靴也能加强双腿延伸感。

530 铅笔裤最显腿型的裤子

铅笔裤非常贴合腿部曲线，与高跟鞋是绝配，不仅能够让纤细的双腿更长更细，也能让身材曲线更美，但是它并不适合腿部较粗与 O 形腿的女性。

531 什么样的牛仔热裤最显瘦

想要挑选显瘦的牛仔热裤，就要注意外长大于前浪，外长是裆底到膝盖的 1/4，裤管直径比大腿直径多 6 厘米左右，不但穿着舒适，而且可以遮挡大腿赘肉，拉长腿部线条。

532 适合 A 型身材的锥形裤

裤管从大腿向小腿部位渐趋收紧的裤型就是锥形裤，从上往下慢慢变窄。略宽松的锥形裤能穿出强势轮廓的帅气气质。它是藏住臀部和大腿根部赘肉的法宝，很适合 A 型身材的人，但对小腿要求略高。

533 适合 Y 型身材的哈伦裤

原始版型来自穆斯林服装的哈伦裤，肥瘦不一，裆位有高有低。宽松、随和垂坠感，能够掩饰腿部缺陷是哈伦裤的基本属性。是 Y 型身材的人遮挡缺陷的好单品。通常舒适、休闲、嘻哈、异域风情。

高腰热裤如何穿出纤瘦感

位于腰部中轴线两侧的拉链及双排扣设计就是小胖腰的救星。腰腹有赘肉，慎选腰间没有任何装饰的裤型，否则你会加倍苦恼。

热裤打造波普风

一条波普图案的热裤，不需要太花哨的上衣，选择纯色的背心、衬衫与雪纺上衣，束腰穿即可，配上罗马凉鞋与水桶包，休闲时尚，尽显度假风范。

腰间巧思隐藏胃前凸

胃前凸很容易让人误解有小腹，你可以选择腰部有夸张造型设计的高腰短裤，且要比较宽松的款式，将上衣束腰穿起，不仅让你不像“小腹婆”，还能穿出水蛇腰。

热裤新功能打底也时尚

规整的剪裁，紧身的设计，都是这一功能热裤的要求。上身可随意搭配，长度的把握非常重要。要刚刚盖过裤子，随身体的动作露出的边角会显得十分性感。

金属质感短裤打造摇滚风范

金属质地的裤子，搭配不好，很容易变得古惑。可以搭配很宽大的短款字母 T 恤，稍微露出小腹肌肉，配上平沿帽，时尚又有型。

喇叭裤能拉长腰身 539

带着复古气息的喇叭裤，通常紧裹臀部，裤腿上窄下宽，从膝盖以下逐渐张开。喇叭裤是最显高并且修饰腿型的裤型之一，在裤腿中隐藏一双高跟鞋，长腰女生拉比例的法宝，能够很好地打造曲线女人味。

休闲帅气 Boyfriend 短裤 540

Boyfriend 短裤带着中性美，裤管明显大于腿围一圈，外长快到膝盖，腿部明显拉细，但对小腿的要求很高，适合身材高挑、小腿够细的女性。

夏日度假优良单品百慕大短裤

从男士时装获得灵感的“百慕大短裤”，长至膝上 2 ~ 3 厘米，纵切的剪裁，松垮但有型，酷感十足，带出女孩们自由帅气的一面。

印花百慕大短裤的搭配法则

宽松的印花短裤可以与同色系印花上衣配套穿着，时髦感十足。如果你想稳中求胜，可以用印花短裤作亮点，搭配低调的纯色系衬衫、T 恤，保守却也时髦有型。

牛仔裤口袋位置也能主宰胖瘦

胯部较宽的女性最好别选择胯部口袋夸张的牛仔裤；大腿两侧的大口袋设计的牛仔裤不适合梨形身材。

百慕大短裤多场合穿搭法

想要赴派对、约会或者逛街，又不想变装，你可以选择一件宽松廓型大衣与百慕大短裤，宽松的短裤和宽大的大衣让你的臀部和腰腹部赘肉即刻隐形，显瘦又时髦。

基本款紧身牛仔裤

基本款的紧身牛仔裤不需要太浮夸的装饰，只需简单地搭配吊带衫和帆布鞋，就能很休闲，还可以显示好身材。

看身材选牛仔裤

身材高挑的女性，一般什么裤型都比较适合；腿较短的女性，不适合穿五分裤以下的裤子；腿较粗的女性，最好别穿太紧的牛仔裤；腿特别瘦的女性，最好不要穿牛仔短裤。

547

破洞牛仔裤

带着牛仔纤维的破洞，若隐若现地露出大腿的肌肤，性感而又时尚，是让你辛辣指数飙升的百搭单品，但不适合腿部肉多的女性。

印花牛仔裤

印花牛仔裤是当季流行的单品，如果想要搭配更出彩，可以选择搭配比基尼或者镂空针织衫，性感又可爱。

牛仔背带裤

牛仔背带裤是减龄的利器，搭配一件可爱的T恤，就可以让你瞬间拥有年轻的活力；搭配一字肩的印花上衣，又可以很有女人味。

臀部后袋大小的秘密

找一块三面镜，仔细看看后面裤袋的效果。尽量选择那些裤袋看起来比实际小一些并低一些的会更显臀形上翘。

551

试衣间牛仔裤挑选小技巧

在试衣间穿好牛仔裤后，蹲下并从镜子里观察自己的背后，如果臀部露出大半或腹部出现三条以上横肉就说明该牛仔裤的裤腰太低，或者尺码太小了。

高腰哈伦裤让身线更完美

高腰哈伦裤的优点是拉长腿部曲线，收紧腰线，让人看起来更瘦更高挑。上身只需搭配 T 恤或背心即可。

白色牛仔热裤

牛仔裤不一定都选择深蓝色或者黑色，有时候选择白色，裤边带有牛仔纤维的，不仅显腿细，而且白色清爽的搭配又具好感度。

牛仔裤松紧身材说了算

如果胯部与大腿赘肉特别多，可以选择宽大裁剪的牛仔裤，不仅可以隐藏赘肉，也能穿出一种慵懒的时尚感；当然腿部线条特别完美的，穿紧身牛仔裤更显腿长。

藏肉神器哈伦裤怎么穿显腿长 555

哈伦裤宽松的裁剪已经把赘肉掩盖得很好，如果想要腿再长一些，可以配上一双雕花皮鞋，高跟鱼嘴鞋也是很好的选择，它不适合搭配高帮鞋、松糕鞋等较显沉闷笨拙的款式。

简洁利落风连身裤来打造

一身白色的连身裤，清爽而又简洁，如果想让腰身看上去更加完美，可以搭配一条简单的腰带，穿上高跟鞋，就可以让人看起来很干练，自由出入职场。

运动哈伦裤休闲显活力

很多运动裤都是直筒板型，这样裤脚会比较宽松，让人看起来比较老土。想在健身房中出彩，可以选择一条运动哈伦裤，搭配运动 T 恤，无论是健身还是逛街都很休闲时尚。

对称图腾背心连体裤巧藏腰间赘肉

对称的黑白图案有种立体的拉伸感觉，腰部的抽绳设计，让腰围有了自由收缩的空间，这样的款式不仅不考验身材，穿上还显瘦。

帅气硬朗工装连体裤

工装风格的长袖连体裤像是从男朋友衣橱里借来的衣服，宽松的剪裁不仅穿起来非常舒服，而且也别有一番韵味。

皮衣加哈伦裤打造酷炫感

哈伦裤裤型有着松垮的轮廓，裆很长且裤脚收紧，配上皮衣的硬朗，一种酷酷的感觉由内而外散发，但哈伦裤的休闲又不至于让你太酷而让人不敢靠近。

时尚白领的通勤装

选择纯色的哈伦裤，搭配男生范儿的条纹衬衫，再配上复古棕色的腰带与鞋子，不仅能上下呼应，还能让你看起来更干练，复古又时尚。

吊带连体裤手臂粗也能穿

如果对自己锁骨与手臂粗细不满意的女性，穿吊带连体裤时，里面可以搭配一件纯色的贴身 T 恤，不仅巧妙地遮挡了你的担心，还让你看上去更加活泼休闲。

抹胸连体裤轻松打造九头身

看似简单的抹胸连体裤却透着性感又干练的味道，纤细的腰姿，修长的美腿，打造完美九头身段，这样的款式更适合凹凸有致的女性。

564

性感的摩登风范儿

拥有西装元素的深 V 连体裤，清爽透亮，隐隐约约，异常魅惑诱人。搭配同色系的手包，更显范儿，这样的款式讲究的是一切从简的搭配方式，所以配饰与配件最好都是同色系。

彩色铅笔裤怎么选才高挑有型

如果腿部有肉比较粗短，建议不要选择柠檬黄、橙色、粉色等扩张色系，应选择宝蓝、紫色、卡其色等收缩色，能使腿部看起来比较笔直修长。

荷叶边宝宝连体裤穿出可爱萝莉

这款连体裤适合身材比较瘦小的女性穿，荷叶边的袖子增加连体裤的层次感，超短的裤长可以让你的腿更显纤长，搭配高跟鞋或者罗马凉鞋都可以。

竖条纹路铅笔裤摩登显腿长

竖条纹能在一定程度上拉伸视觉，这样简洁线条的铅笔裤摩登又时尚，但不适合腿部较粗和 O 形腿。

短外套与铅笔裤轻松打造九头身

短外套收短上半身比例，造型利落不拖沓，合身的铅笔裤成功拉长下半身曲线，罗马鞋的搭配增加了整个穿搭的优雅度。

胯部大也能穿铅笔裤

虽然铅笔裤很显身材，但是通过中长款的 T 恤或者风衣可以轻松掩盖胯部，最好选择 A 字形上衣的剪裁来协调身体比例。

九分铅笔裤最显瘦

恰好露出纤细的脚踝的九分铅笔裤最能显瘦，搭配细跟的高跟鞋与衬衫，简洁大方，同时又很干练。

明显色差让比例更突显

找一件白色 T 恤，再简单不过了，与黑色铅笔裤搭配很实用，还能形成鲜明对比，加强腿部收缩感。其他颜色也一样遵循相反色系的搭配方式，时髦又耐看。

冬日铅笔裤不显臃肿

冬日服装最禁忌的就是臃肿，选择一条深色铅笔裤和长款大衣及高跟鞋，长大衣的宽松和铅笔裤的修长能够形成鲜明的对比，加上超长的围巾增添衣服层次感，十分显瘦。

冬季的铅笔裤好搭档

靴子始终都是铅笔裤的最佳拍档，所以秋冬时节还是要为你的铅笔裤也找到一个靴子伙伴，为了看上去不那么有冲击力，最好选择同色系的靴裤搭配。

职场帅气利落九分裤搭配

帅气利落的九分裤是工作中必不可少的时尚单品，方便工作的同时，又悄悄露出一丝小小的性感，随便搭配一双高跟凉鞋就可以轻松拉长腿部线条，是办公室白领工作休闲的必备单品。

印花裙裤甜美搭

印花无论是用到什么样的裤装上都很百搭，上衣选择纯色的款式，将它扎到裙裤中，如果头上能搭配相同花色的发带更甜美可爱。

身材娇小的九分裤穿搭法则

身材娇小的女性在搭配紧腿九分裤时，可以选择上松下窄的穿衣法。这样一来，不但可以让双腿看上去更见纤细修长，还可以利用宽松上衣遮挡上半身恼人的赘肉。

夏日防走光裙裤来支招

夏日穿裙子担心走光，就选择短款的裙裤，不仅有裙子的轮廓，还不必担心走光问题。直接搭配 T 恤或者衬衫即可。

高喇叭裤的四季套装穿搭法

“高喇叭裤”，是指喇叭始于大腿处，且喇叭幅度较小的裤型。冬天可以是呢子套装，秋天可以是针织套装，夏天可以是短袖真丝印花套装，春天则可以是西装式喇叭裤套装。

运动风格裙裤穿出啦啦队活力

这种拥有运动元素的裙裤，不仅可以垫高臀型，还可以收紧腰部，搭配 T 恤或者 POLO 衫就可以很活泼，再搭配及膝的长袜，显瘦又可爱。

配饰让喇叭裤不老土

喇叭裤裤脚很大，配上流苏包和宽手镯风格更嬉皮，还透露着一丝丝的女人味。三条不同风格的项链叠加佩戴的方法相当另类，让看似简单平淡的装扮十分入时。

中长裙裤显瘦更迷人

刚好到小腿位置的中长款裙裤，不仅能够遮住粗壮的大腿，飘逸感十足的裙裤还可以增添几丝女人味，搭配高跟鞋更显修长。

无痕内裤让贴身西裤更加优雅 582

完全贴合身体线条的西装裤很容易看出内裤的印子，应该选择专门的无痕内裤。有些无痕内裤具有提臀收腹的效果，相当于局部塑身衣，正受到越来越多上班族的欢迎。

臀部下垂什么裤子可以修饰 583

要避免穿着质料厚实压臀的牛仔裤和灯芯绒裤。蛋糕裤、南瓜裤这类裤型能拯救扁平的小瘦臀，立刻提升臀部线条。

阔腿裤显瘦搭 584

宽松背心与雪纺阔腿裤，这种清凉简洁的搭配，可以显得腿部格外修长。如果加上金色体积感的饰品，时尚感倍增。

看腰围选择裤子腰部高度 585

腰围纤细、臀部较大的女性适合低腰裤，而高腰裤适合腰围较细的身材，腰围较粗的最好选择中腰裤或者高腰裤。

可爱居家裤让心情更美好 586

不仅外出要选对款式，在家也可以选择材质自然，款式可爱的居家短裤，舒适可爱的款式可以让劳累的身体得以放松。

牛仔短裤为什么会卷边 587

牛仔短裤走着走着裤边会卷曲，这说明你选择了不符合你腿围的裤子，不妨再买大一号，解决这类尴尬问题。

CHAPTER 8
鞋履

步步为营
做最有穿搭巧思的
美鞋控

细长脚掌选鞋技巧

细长的脚掌，穿什么都不出色。要选择造型别致的款式，T形带夹脚凉鞋刚好把细致的美足展现，修长而又秀丽。

脚背多肉适合什么样式的凉鞋

脚上看不到明显的骨感和曲线，有点馒头的感觉，那么，可以用罗马角斗士鞋将粗笨的脚掌装起来，若隐若现的皮肤和粗犷的鞋子搭配更有风情。注意，选择斜线条、竖线条的拉长视线。

学会将力量转移

当你正常站立，脚后跟基本是一条直线，没有一个斜坡，那就说明你脚后跟无曲线。可以选择有绑带的款式，这就解决了走路脱带的现象，从而将力量转移到脚踝，走路也轻松了许多。

扁平足用鞋塑造曲线

脚部没有曲线，完全丧失立体感，穿鞋没有美感。这种类型的脚可以选择拥有足弓弧线设计的中跟凉鞋，不仅能修饰脚部曲线，也增添了活力。

不规则线条凉鞋巧遮变形脚

常穿尖头高跟鞋会造成拇指外翻，穿什么鞋都觉得奇怪。选择不规则线条的凉鞋，自然的弧度刚好能给外翻的拇指骨一个空间，不规则的线条很好地掩饰了变形的外观。

小白鞋穿出减龄感

百搭的小白鞋是鞋柜里绝对不能缺少的鞋履单品。在炎热夏季有些女生会略微犯懒，选择一双百搭的小白鞋无论是清新的衬衫裙，还是帅气的T恤短裤，都可以轻松驾驭，而且还有减龄的作用。

适合搭配长款半身裙的鞋履

百搭的休闲鞋与半身裙的混搭独有味道，不同于高跟鞋的严肃也不同于其他靴子的过于成熟。十分减龄，青春又活力。

超小尺码脚的选购法则

小巧玲珑的脚虽然很美，但也很难挑选到适合自己的鞋子。鱼嘴鞋特别适合这类型的小脚，不仅延伸了脚板的长度，也将小脚包得恰到好处。

宽扁足如何选择凉鞋

脚掌其实很瘦，可是怎么看也不秀气，是因为脚背太宽扁了。可以选择色彩鲜艳、端庄的法式蝴蝶结和竖线条来拉长脚的视线。

罗马凉鞋如何搭配

拥有精致编织的罗马凉鞋，特别适合搭配飘逸的雪纺长裙，别忘了加上一顶大帽沿的草编帽，海边度假你绝对会成为亮点。

脚趾散漫如何收起

有些女性的脚趾头像手指一样修长并且散开，在穿毫无遮拦的夹脚拖鞋时尤为突出。那么就穿起这双镂空鱼嘴鞋吧！脚趾头的散漫立刻就规矩了。

布质鞋底抓力不打滑

夏季穿鞋时间长了脚会出汗，如果穿上漆皮鞋底的高跟凉鞋，鞋底没有抓力，走路完全失控，不仅不方便，还会影响走路姿势的美观，而布质鞋底吸汗又防滑，比较适合夏天穿。

脚背过高的选鞋法则

如果脚背高，避免露出过多脚面，细带凉鞋也应舍弃，适合T形带凉鞋或者罗马鞋。扁平足要选择头宽的宽板鞋。

适合搭配迷你短裙的鞋履

迷你短裙让双腿显得修长，比例好，若要想锦上添花，可以穿一双高跟尖头鞋、绑带粗跟鞋或者是一脚蹬运动鞋。在今季要想在显瘦显高的基础上提升时髦感，可以选择一双Chic感十足的拖鞋。

适合搭配连衣裙的鞋履

长款连衣裙不需要挑选过于复杂的款式，可以是极简的吊带款，可以是深V的剪裁，抑或是长T恤款。这样一来，无论搭配运动鞋、绑带高跟鞋、厚底鞋还是尖头高跟鞋都会很时髦。

童年塑胶凉鞋穿出甜美感

根据童年的水晶凉鞋的灵感设计的塑胶凉鞋，不仅颜色甜美可爱，款式也很甜美，搭配T恤和蓬蓬裙，这样甜美的减龄装扮能够穿出夏天的味道。

适合上班族的凉鞋

职场是一个严谨的场合，在选择凉鞋方面也一定要谨慎，草编、塑胶这类元素的凉鞋太过休闲不适合上班穿，选择深色的鱼嘴凉鞋更合适。

草编坡跟凉鞋勾出小清新

草编勾出自然清新的味道，在衣着方面选择小碎花图案的雪纺连衣裙甜而不腻，舒适的坡跟给予双脚超柔韧支撑，行走间尽显甜美的大方气质。

当凉鞋遇上短袜

曾经被认为土到爆的搭配方式重回时尚舞台，一双可爱的花边袜搭配复古十字带高跟凉鞋，除了散发出浓浓的复古情怀外，从舒适度上来讲，这种穿法对双脚更呵护。

高跟鞋内玄机决定鞋子结实度

高跟鞋鞋跟内都有一根金属条，金属材质的质量直接决定鞋子的质量。鞋垫里也有根金属条，金属材质保证了鞋子的牢固度，长度决定鞋子的结实度，还能保证鞋子不会变形。

选择高跟鞋小技巧

鞋跟一定要垂直，并且完全贴合地面。足底凹陷处的弧度也必须合脚，不能过弯也不能太直。鞋底的厚度也非常重要，过硬过薄，地面的冲击力会直接作用于脚部。

带来夏日清凉感的草编鞋

炎热的夏日，草编鞋能为双脚带来一丝清凉之风。清新的草编鞋不再是刻板印象里的土气，无论是牛仔裤、西裤、印花短裤，还是半身裙都能搭，轻松打造自然不做作的 Style。想要精致感可以选择刺绣的款式，加上时髦的绑带会更美。

适合瘦脚女生的绑带凉鞋

超美的绑带凉鞋不适合肉脚的女生，但瘦脚的女生穿上绑带鞋子会很美，长到膝盖的绑带鞋，一般人不容易驾驭。对自己腿部线条没有自信的女生不妨选择比较简洁的绑带款式，搭配有设计感的连衣裙，将注意力吸引到衣服上。

小脚适合什么类型的高跟鞋

如果你的脚很小，选择鞋时要避免鞋跟过高的高跟鞋，以及防水台高跟鞋，比较适宜厚底鞋，5~8 厘米高的高跟鞋最佳。

最易驾驭的高跟鞋高度

对通常的女性来说，5~7 厘米是最受欢迎、最安全的美丽高度，特别是 5.5 厘米的鞋跟，性感、易行走，就算是偶尔需要狂奔时，也能够轻松驾驭。

最优雅的高跟鞋高度

10 厘米的高跟鞋很具诱惑性，尤其是细跟晚装鞋。要在 10 厘米的高跟上行动自如，不是所有人都能办到的。可以选择有防水台的粗跟款，能够减少不安度，也显得颇为优雅。

大而宽的脚适合什么样的高跟鞋

大部分亚洲人的脚都是比较大且宽的，要避免过细的鞋跟，细带凉鞋，露脚过多的高跟鞋，比较适合圆头鞋或者楔形鞋，可以选择蝴蝶结款。坡跟、粗跟、半尖头高跟均可。

14 厘米"恨天高"

"恨天高"是最适合与超迷你裙搭配的款式，能够令全身线条更加修长，让女性产生超性感的魅力。若不想太过性感，也可与宽腿裤搭配，产生高挑挺拔之效。

巧用高跟鞋修饰丰满小腿肚

如果小腿肚特别丰满，可以选择小喇叭型或者收腿裤，收腿的位置一定不能是最胖的位置。将裤子卷到腿部最细的位置，拉长曲线。大开面高跟鞋，起到延长效果。

夏天必备的懒人拖鞋

夏天常备一双懒人拖鞋，无论是出门去便利店，还是取快递都很方便。而取快递也要保持时髦感，拖鞋也必须 Chic！搭配男朋友衬衫或者 T 恤搭配阔腿裤、破洞牛仔裤等宽松的衣服，就能拥有那份随性潇洒！

上班出街都能穿的乐福鞋

兼具舒适度和时尚感的乐福鞋，不仅可以混搭各种风格搭配，也可以穿出一种时尚休闲的生活态度。无论是流苏元素、铆钉元素、刺绣元素都能轻易地搭配。穿上它行走轻盈自在，出街上班两不误！

矮个子穿出高挑感

个子矮、腿短的女性，尽量穿无系踝或系踝带很细的高跟鞋，这样可以让被拱起的脚前背，在视觉上成为小腿延伸的一部分，因而让腿看起来更修长。

O 形腿怎样用鞋掩饰缺陷

O 形腿在选择高跟鞋时应该挑有设计感的鞋款。夸张的造型，可以转移视线。此外，选择宽松版哈伦裤，也可掩盖腿部缺陷。

尖头高跟鞋打造摩登办公室白领

一双嬉皮风格的尖头高跟鞋可以搭配微喇的西装裤与西装，喇叭裤让尖头高跟鞋若隐若现，不仅可以增加身高，尖尖的鞋头显得你更加凌厉干练。

紧身牛仔裤与尖头高跟鞋是绝配

紧身牛仔裤特别百搭，搭配尖头高跟鞋与小西装外套，看上去休闲又不失优雅，可以让你游刃有余地穿梭在职场与商场之间。

七分裤加粗跟高跟鞋瘦腿魔术

腿部较粗的女性穿细跟并不能达到视觉瘦腿的效果，相反穿粗跟的款式更能拉伸腿部曲线，七分裤刚好露出腿部最细的部分，搭配粗跟鞋，让你的腿看上去又细又长。

金属点亮尖头高跟鞋

纯色的尖头高跟鞋固然好看，但近年来镜面的金属狂潮席卷而来，鞋头镶嵌着镜面金属的尖头高跟鞋更具现代格调。

穿出少女心的芭蕾鞋

线条简洁而高贵的芭蕾鞋，将简单舒适的优雅态度给现代女性。将它与牛仔裤搭在一起很时尚。如果想穿过膝长裙，那么就选择齐脚踝的。如果长度刚好在小腿的位置，最不适合搭配芭蕾鞋，会显得腿短。

626

尖头高跟鞋穿出摇滚时尚

浅口的尖头高跟鞋搭配流苏质感的针织衫与伞裙，伞裙不仅遮住了大腿的赘肉，蓬蓬的质感会让人更显高挑，而尖头高跟鞋也为这身轻摇滚风格增添了时尚感。

粗跟不笨拙的搭配法则

很多身材娇小的女生穿上粗跟高跟鞋都略显腿部笨拙，选择一双木质粗跟搭配雪纺短裙，不仅让双腿看上去更细，也让自己显得更高挑。

平衡丰满身材需要厚底鞋

厚底鞋是舒适好穿的高跟鞋款式之一，也能够很好地平衡丰满身材的款式。穿在上半身比较丰满的女性脚上，重心也会从上半身平衡到全身，更显得身材匀称，甚至显瘦。

防水台高跟鞋搭配什么裤子最好看

如果有防水台高跟鞋，一般搭配阔腿裤更好看，飘逸的阔腿裤不仅增添女人味，而超高的高跟鞋也让你的身姿更好，高跟鞋配阔腿裤显脚小而且腿直。

细跟配小脚裤更显高挑

细高跟鞋搭配修身的小脚裤，显得利落干净，贴合腿部曲线设计的裤子与拉长腿部曲线的高跟鞋搭配在一起，也更加显得身材高挑。

绑带高跟鞋怎么穿有韵味儿

绑带高跟鞋可以算是唯美的鞋子了，用它搭配短款纱裙会给人浑然一体的感觉，不仅曲线更完美，而绑带的缠绕也更有风情，只是不适合腿部较粗的女性。

双“高”单品拉高身线

如果想衬托腿部的修长，提高腰线，挑一款高腰的短裤，搭配上运动风格的厚底高跟鞋，绝对会让你在个性诱人的同时，又不失清新脱俗的范儿。

撞色高跟鞋点亮腿部色彩

暖色调的撞色设计给人十分温馨的感觉，冬日就算黑色搭配，穿上亮色的高跟鞋也不显得单调乏味。

英伦风系带高跟鞋别具魅力

英伦风系带高跟鞋有着别样的吸引力，高高的鞋跟可以瞬间拉长你的双腿，而永不过时的英伦风则会帮助你成为时尚达人。

流苏元素高跟鞋穿出性感身姿

流苏高跟鞋大多出现在交际舞舞者的脚上，其实这类高跟鞋只需搭配紧身的连衣裙或者包臀裙也可以很时尚动感，不是那么难以驾驭。

如何驾驭霓虹色高跟鞋

霓虹色系的高亮度难以驾驭，其实只需保持简洁的穿搭法就会让人更出彩。选择一件有图案的连衣裙，用霓虹色高跟鞋来突出裙子的某个颜色，上下呼应，看上去协调而又时髦。

蝴蝶结元素增添甜美度

很多高跟鞋喜欢用蝴蝶结作为大元素来装点，选择这类元素的高跟鞋搭配花苞裙、蓬蓬裙都会很甜美可爱。

黑色铆钉松糕鞋打造摇滚范儿

一双黑色铆钉鞋能够让你酷劲儿十足，黑色的鞋身、布满鞋身的银色铆钉和厚厚的松糕底，搭配着牛仔裤和摇滚风格的卫衣，那么摇滚女孩非你莫属。

偏瘦女生适合浅色鱼嘴高跟鞋

浅色的鱼嘴高跟鞋可以拉长腿部曲线，搭配长度在膝盖以上的高腰短裙可以拉长腰线，这样完美的比例让你看上去又瘦又高挑。

蕾丝高跟鞋穿出甜美小公主

蕾丝的设计充满浪漫美好的童话感，白色又代表着纯洁的美，用白色蕾丝高跟鞋搭配高腰公主裙，既能修饰身体曲线，还很甜美。

641

雕花鞋面的精致搭配

英伦复古风是永远的流行，棕色的复古鞋身，鞋面有着细致的雕花。搭配过膝长裙和金属色泽的手链，勾勒出小清新的别样气质。

深冷色系让你的腿部更纤细

靴子的颜色也能主宰腿部粗细，腿脚粗的女性宜穿深色系：黑色、咖啡色、接近于黑色的深蓝色、墨绿色等冷色系列。因为这些颜色会起到收缩腿型的效果。

巧选靴子掩盖小粗腿

腿粗的美眉冬季选择靴子要注意三个特点：一是不会依附在腿型上的材质；二是长度在膝盖下方一点的中筒靴；三是宽松简洁的款式。

长靴配牛仔打造长腿范儿

牛仔裤与长靴是绝妙的显瘦搭配，腿粗的女性无论是选择女人味十足的尖头细跟靴，还是选择帅气的平跟靴，都可以穿出属于自己的自信。

靴子装饰细节也能主宰腿部粗细

腿粗的女性比较适合简洁装饰的靴子，靴子装饰部位必须在靴子两端，切忌在靴子中部，即最肥的腿肚地方，在靴子的脚踝处或者靴子的最上沿是最佳位置。

隐形增高小秘密内增高长靴

高跟长靴气场太过强大，不适合平时休闲的穿着打扮，内增高的长靴不仅可以隐形增高拉长腿部曲线，休闲的款式也恰好适合平时的穿着打扮。

如何挑选雪地靴

挑选雪地靴时，要理性选择，比较产品性价比，别以为越贵越好。

挑选雪地靴时，应以面料柔软舒适、重量轻、弹性好、保暖的为佳。

雪地靴冬日甜美搭

雪地靴与短裙是冬日的最佳拍档，甜美之余加上少少可爱的味道，是冬日表现俏皮可爱的一大法宝。

米色雪地靴中和冬日沉闷气息

经典的黑白搭配，是众多上班族喜爱的风格。若想营造甜美而稳重的气质，选择黑色毛呢西装外套与铅笔裤，搭配米色雪地靴，中和冬日沉闷的气氛。

平底鞋与九分裤轻松减重 650

紧腿的九分裤能露出你纤细的脚踝，再搭上一双个性的平底鞋绝对可以帮你在视觉上收紧下半身线条，轻松减重。

靴子如何穿显瘦

身材丰满的女性可以选择高跟鞋配裙子，再搭一件短款上衣可以显瘦，但裙子最好不要太厚重，否则会更显臃肿。

平底鞋配袜子 护脚之余显时尚

复古的平底牛津鞋与袜子搭配在一起，可以减少脚部对鞋子的磨损，还可以起到保护脚部皮肤的作用，复古的穿搭法则，不老土且很耐看。

马丁靴穿出帅气高街风

复古大圆头设计的马丁靴，搭配蓬松的伞裙与厚夹克，改变冬日沉闷的着装方式，这样的搭配更加俏皮时尚。

尖头平底鞋性感与舒适交织

尖头平底鞋具有犀利的摩登意味，它有着平底鞋的舒适，又身兼高跟鞋的性感，如果你对小女生式的甜美已然不屑一顾，那混杂着性感与时髦的尖头平底鞋就是你的不二选择。

锥腿裤与尖头平底鞋超显瘦

锥腿裤是显腿长的必备单品，加上一双尖头平底鞋，就算上身随便穿，也能让你拥有绝对的好莱坞时髦感。

芭蕾舞平底鞋怎么搭显瘦

与芭蕾舞鞋相配，最适合的自然是A字裙，及膝的长度刚刚不会显得小腿粗壮。芭蕾舞鞋很具怀旧气氛，加上碎花元素效果会活泼一些。

运动鞋如何除臭

每晚临睡前，用棉布蘸少许酒精，均匀地抹在刚脱下的运动鞋内，待第二天早晨干后再穿。如此坚持两周后，运动鞋就不会发出臭味了。

长裙遇上帆布鞋减龄不少

帆布鞋不一定搭配休闲裤才可以很完美，当它搭配长裙时，不仅舒适度大大上升，还会让你看上去年轻不少。

扮美利器懒汉鞋

懒汉鞋就是一种鞋口有松紧带，便于穿、脱的布鞋。以潮流之物存在的懒汉鞋早已脱离了易于穿脱的优势，登上大雅之堂的它不再是为懒人而备的，而是潮人们不拘一格的扮美利器。

布洛克鞋打造干练潇洒风

黑色布洛克鞋并没有很出挑，但是搭配造型同样简洁的铅笔裤和过臀呢子外套，一副干练潇洒的职场装扮立显。

风情无限平底鞋加喇叭裤

喇叭牛仔裤也可以搭配平底鞋，需要注意的是，能大面积露出脚部肌肤的罗马鞋、人字拖才是最佳搭配单品。

如何挑选合适自己的运动鞋

一般人的脚有低或平足弓、正常足弓和高足弓三种类型。平足弓的人，应选一双带有坚硬的后帮、支撑力较强的鞋；高足弓的人，应选择减震强、脚跟稳定的鞋。

663

运动鞋搭出休闲潮流范儿

千篇一律的运动装搭配运动鞋已经过时很久了，选择一条紧身牛仔裤搭配宽松的卫衣，戴上一顶鸭舌帽，潮气十足。

怎么清洗雪地靴

雪地靴外皮可以用海绵和牙膏清洗。将牙膏挤在雪地靴表面，然后用海绵轻轻擦洗。其他洗涤剂或者洗衣粉上的有色成分会使其染色，所以，牙膏最好用白色的那种。

潮人必备撞色运动鞋

运动鞋除了舒适合脚，时尚也纳入了考虑的范围，在色彩上的搭配是运动鞋的强项，选择撞色的运动鞋更为时尚。

尖头高跟鞋不宜久穿

尖头高跟鞋头又尖又窄，脚趾就好像沙丁鱼挤在一堆，如果 3 个月不让你的脚趾休息，就会出现拇趾外翻的情况，如果继续视而不见，脚趾就会扭曲变形。

穿高跟鞋走路适当给脚趾减压

穿高跟鞋走路，脚跟一定要不时向后移，不要因为高跟而导致脚趾受力过大，要给脚趾一定的空间，哪怕是很小的。脚趾使劲往前冲，看上去也不美观。

皮靴如何存放

脚型、走法、体温、湿气和雨水等因素均会导致鞋子走样，尤其是出脚汗或遭雨淋时，一定要用鞋楦子固定鞋型。

新鞋“打脚”怎么办

假如新皮鞋边缘部分磨脚，可用湿毛巾在磨脚的部位捂几分钟，使其潮湿变软，然后用圆柱形物体用力擀压几遍，把磨脚的部位压得光滑平整，就不会再磨脚了。

如何舒缓穿高跟鞋带来的脚部不适

有时间时，可站在距一堵墙一米处，将上半身抵向墙壁，而下半身伸展向外保持脚跟平放地上，重复做几次，每次伸展 20 秒，常做以上练习，有助于防止脚部不适。

CHAPTER 9

包包

统领全身风格的
制胜秘诀一手在握

根据季节搭配包包

包包的季节搭配主要是颜色方面的协调，夏季的包包应以浅色或是淡纯色为主；这样不会让人感觉与环境不协调，否则会让人产生扎眼的感觉。

同色搭配典雅和谐

根据衣服的颜色选择相同色系的包包，无论深浅都可以产生非常典雅的感觉，例如，咖啡色着装配驼色包包。

看年龄选包最重要

包包的款式搭配应该首先和自己的年龄段吻合，使人不会产生搭配不协调的感觉；即使包包的款式不错，选购时应先考虑适合不适合自己的年龄。

对比色搭配时尚抢眼

如果你追求时尚，可以根据衣服的颜色选择相反色系的包包，这样明显的对比色会产生一种另类抢眼的感觉，亮色的包包也可以为你的着装画龙点睛。

看脸形选择适合自己的包包

包包与脸形也要协调，脸部立体感强、颧骨较高的脸形可选择条纹明朗、带有中性金属风格的个性款式。而五官小巧、脸形圆润的则适合选择带有较多闪亮缀饰的甜美可爱型包包。

呼应色彩搭配法则

这种搭配包包的方法灵活又实用，可以选择和衣服的色彩、花纹、配饰协调的包包，比如，黄色上衣与紫色裙子，搭配淡紫色和米色包包即可。

包包的同色系搭配法

挑选包包时，需要留意当天服装的整体色调。选择与服装同色系深浅的搭配方式，可以产生非常典雅的感觉。咖啡色衣服可以搭配驼色系包包，白色系衣服可以搭配米色系包包。

白色衣服与包包的搭配

白色系的衣服搭配淡黄色包包色彩柔和协调，搭配淡粉色包包能给人温柔飘逸的感觉。而红白组合较为大胆、时尚，显得热情潇洒，在强烈地对比下，白色的分量越重，感觉越柔和。

胸部丰满适合什么形状的包包

当包包夹在腋下的时候，从正面视角望去，只能看见其厚度。因此，胸部丰满、腰部较粗的女性应选择薄而细长的长方形包包。

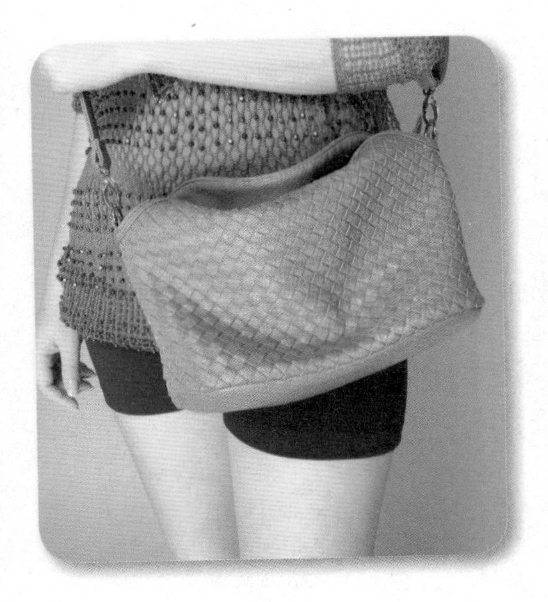

绿色包包最自然

来自大自然的色彩——绿色，带给人们清凉、具有活力的感觉，最适合搭配黑、白色及各种深浅绿色，当然色调相近的黄色与互补的赤色也不失一个好选择。

白色包包的色彩搭配经

白色包包给人一种明亮、清爽、安定、纯真的感觉，无论什么颜色都与它很般配。但要注意白色衣服配白色包包在配饰方面加以色彩搭配，否则会显得过于苍白。

巧用包包修饰平胸

胸部较扁平、身型纤瘦的女性选择包包的标准与丰满身材的恰恰相反。应选择侧面有厚度的三角形包包，才能让上围略显丰满。

包包透露个性

性格帅气硬朗的女性，可多选择搭配锦纶、塑料或厚帆布等较“硬”材质的包包。气质可爱而温文尔雅的女性，选择包包的质地应以棉、麻或蕾丝等材质为主。

如何选包能尽显优雅仪态

包包的大小与长度能够影响我们的仪态，背小型肩带包时可稍用腋下固定包包，避免袋身前后甩动；手提包则应被挽在手臂，手肘自然靠着腰线成 90 度。

黑色衣服与包包的搭配

黑色属于沉稳带神秘的色彩，无论和什么颜色放在一起，都会别有一番风情。红黑搭配是经典色，黑白搭配是永不过时的最佳组合，即使是看似并不搭的米色若是能做到风格一致，也会有出人意料的效果。

绿色衣服与包包的搭配

绿色衣服与淡黄色系的包包之间的搭配，能给人以春天的感觉，不仅素雅得体，还有着淑女气息。浅绿与浅红、浅黄、浅蓝之类的浅色调的包包搭配效果也不错，飘逸、自然、清纯。

黑色包包如何搭配

黑色包包透露着尊贵、高雅、神秘、性感，可以用白、灰、米、蓝等颜色的服装来驾驭帅气高贵的黑色包包。

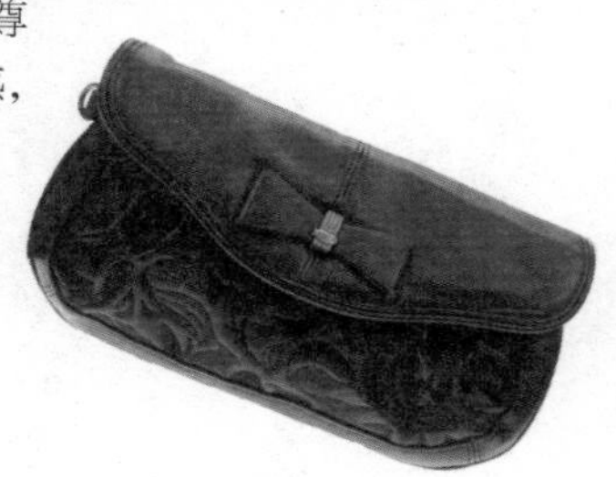

蓝色包包的搭配法则

蓝色是最忧郁的颜色，它能给人深邃、安静、清新、沉着、深重之感，用黑、白色这类纯色系的衣服搭配蓝色包包最合适。

白领包包搭配攻略

休闲的西装搭配哈伦裤或者紧身牛仔裤，再配上一双高跟鞋，很有干练气质。选择一款简洁的信封包衬托这一身，时尚又不失精致感。

粉色包包甜美系女生最爱

粉色是绝无仅有的女性色彩，适合与它搭配的服装颜色有各种深浅粉或者糖果色系，干净利落又不失小清新。

硬壳手拿包成为时尚焦点

轮廓分明的硬壳手拿包成为最热的款式，不管你爱不爱“镶金包银”“编织手法”“五颜六色”或是珠扣设计款，只要掌握住“硬壳”准没错。

第一款手拿包应该怎么选

第一款手拿包不求特定的场合与搭配，只需简单休闲的百搭款式即可。黑、白、卡其色等这类比较好驾驭搭配的颜色应该是首选。

蓝色衣服与包包的搭配

蓝色系的服装很容易与各类颜色的包包进行组合。不管是近似于黑色的蓝还是深蓝，都比较容易搭配。蓝色外套搭配红色包包，能使人显得妩媚俏丽，配灰色包包，看似保守其实优雅低调。

适合职业女性的包包搭配

简洁实用款的包包更适合职业型的女性，如果需要经常会见客户或需携带一些资料，可以选择实用型包包。给一个小建议：要给自己选购至少两款和职业方面比较实用的包包，这对于改善别人对你的整体印象有好的效果。

为自己挑选一款出众的晚宴包

手拿包是晚礼服的最佳搭档，它为你的形象添光彩，合手的尺寸加上手工串珠与珠宝镶嵌的硬壳手拿包是增添你气质的不二之选。

晚宴包功能性很重要

晚宴包不仅要外形优美，还要考虑到它的功能性，不仅要装下你的唇膏、现金、手机及钱包，而且也要确保它的尺寸正好适合被你牢牢夹住，方便你用来握手、拿鸡尾酒等。

季节的包包搭配

根据季节来挑选包包，主要是在颜色方面的协调，春夏季的包包应以浅色或是淡纯色为主，这样不会让人感觉与环境不协调。秋冬季选择略深色的颜色，要和季节产生协调感。

流苏包随性又潇洒

流苏包搭配工装风衣或者连体裤，潇洒帅气。除了经典的棕色麂皮的材质，其他颜色哑光皮质的流苏包包也一样有型！无论是跳跃的明黄色，或者大热的酒红色都是不错的选择。

烫金口细节让包包更优雅

拥有烫金口设计的手拿包复古又优雅，带着一种名媛气息，不管是搭配编织款还是亮色款式，都好看，也非常好搭。

藤编手拿包打造甜美日系风

春季与夏季是适合穿雪纺的季节，这时候也需要一个甜美的手拿包来为你的雪纺裙加分，藤编的手拿包是不错的选择，上面带有些雪纺制作的花朵等元素更好。

一步裙与手拿包穿出名媛范儿

高腰的一步裙完全将女性最柔美的曲线展示出来，搭配雪纺上衣或者衬衫，手拎一个复古感十足的硬壳手拿包，再画个精致的红唇，名媛范儿尽显。

托底手拿法让你更优雅

托底手拿法适合尺寸比较大的手拿包，随手拎着感觉很笨重，反而是拖着手拿包的底部，这样的方式会让你看上去更为温文儒雅。

当金属遇上皮质就会很潮

冬日一贯沉重的深色系，需要你的包包来打破这沉闷的色彩，选择一个镶了金属边或者是有金属装饰的手拿包，就算你全身黑色，这金属光泽也会给你的穿着带来质感。

从容大气的手拿包拎法

手拿包如何拿出从容大气的感觉？只需将手拿包轻轻夹在腋下，无论是手插裤袋或者是一手托着包包，这样自然的动作显得从容不迫、优雅大气。

一步裙与手拿包穿出名媛范儿

高腰的一步裙完全将女性最柔美的曲线展示出来，搭配雪纺上衣或者衬衫，手拎一个复古感十足的硬壳手拿包，再画个精致的红唇，名媛风范儿尽显。

超大号手拿包怎么背

大号手拿包因其巨大的容量和超强的实用性赢得不少女性的芳心，只需将其折叠之后利用挂带扣住手腕，再用虎口夹住包包下端，细节之处彰显独特的品位和与众不同的气质。

手拿包怎么拿出时髦味

手拿包可谓日常生活中再普通不过的包款了，怎样才能将“大众款”背出不一样的时髦味？不妨两手自然垂下，将挎包用虎口部位夹住，轻轻攥在手里。

低碳环保才是时尚的主题

当“限塑令”发出后，环保袋不仅成为环保推崇的对象，也渐渐成为时尚的新宠，无论是上班、逛超市、逛街都能用到它。

糖果粉色包让夏天娇俏起来

浪漫的糖果粉色系能洋溢梦幻般轻松氛围。将其运用到包类单品，披上甜蜜的“外衣”，粉色的背包不仅能凸显气质，更能起到不错的减龄功效，使搭配也能充满轻松时髦的愉悦心情。

有链条的手袋如何驾驭不累赘

装饰性较强的链条手拿包依然是个不容忽略的时尚重点，将金属链条随意缠绕在手腕上，会产生意想不到的点睛效果。

环保袋怎么背显瘦

身材比较丰满的你不要选择细长形的环保袋，会显得你特别臃肿，而横长方形较宽的款式可以遮挡你腰部的赘肉，也显得大方利落。

森女最爱低碳可爱装扮

低碳森林风装扮的女孩爱环保，乳白色帆布包包搭配牛仔衬衫，再搭配俏皮的半身裙，就是可爱少女的形象。

条纹帆布包演绎小清新

浅蓝色的条纹帆布包可以配上 T 恤或者是纯色的衬衫，给人一种干净素雅的感觉，帆布质感也自然大方。

环保袋打造舒适休闲派

米白色的麻布质感的环保袋，搭配牛仔裤与 T 恤，再挑选一双与衣着色系呼应的帆布鞋，休闲而又时尚。

背心环保袋也可很时尚

环保袋不一定是长方形或者正方形，根据传统塑料袋形状改变材质做成的背心环保袋也可以很时尚，如波点、抽象图案等。总之，只要可以呼应你衣服的纹样，都可以背上身。

皮质与帆布结合简洁时尚

皮质与帆布拼接，一般多用于水饺包，肩带与边缘都用皮质包裹，有了皮质的装点不像普通帆布包的平凡，反而有一种高贵素雅的感觉。

印花帆布包打造夏日清爽风

印满碎花的帆布包最好挑选简单裁剪的款式，用它搭配纯色的衬衫和短裙，在炎热的夏日将是一道清爽的风景。

秋冬季节帆布包为你减“臃肿”

秋冬时节，衣服一件件厚起来，如果再选择厚重的包包让你看上去更为臃肿，所以一款大容量的帆布包是你的最佳选择，用它搭配毛呢大衣与大围巾，既有层次感又显瘦。

千万不能入手的帆布包

超粗的锦纶肩带配上软绵绵、皱巴巴的没有什么形状的包型，无论搭配什么衣服都会让你十分土气，这类型的包还是不要入手为妙。

甜美帆布双肩包的选择技巧

帆布双肩包如果太大、太硬就会给人一种背电脑包的呆板感觉，所以大和硬是它的禁忌。选择相对较软、较小的水桶款式，百搭又甜美。

卡通图案帆布包减龄搭

拥有可爱图案的卡通帆布包不仅是学生的专利。搭配上可爱图案的T恤与牛仔裤休闲鞋，再配上色彩亮丽的平沿帽，可爱又很潮。

小细节让帆布包大放光彩

细节决定成败，一个小小的帆布包因为它手编的麻花拎带而显得精致可爱，背着它去野餐郊游或者装便当都可以给人很心灵手巧的甜美感。

身材娇小的选包法则

超大的帆布包并不适合身材娇小的你，挎着一个超大的帆布包，确实招摇招眼，但它会让你整个人在视觉上有种会被淹没在大包里的压迫感。

金属链条挎包显质感

包身是皮质的搭配金属链条，不仅让包包显得高贵典雅，也让它看起来非常有质感，无论配什么风格的衣服都可以。

尽量只背一个包包就好

全身上下只背或拎着一个包包，看起来才会洁净利落。若是要带的东西真的太多，有必要分装成两包时，最好能够“一背一提”即一个用背包、另一个用手提包的方法来处置。

手提两用挎包最实用

选择这样一款包包可以为你节省不少钱，斜挎在身上活泼俏丽，而提在手中则彰显复古名媛气质，是每个女性的必备单品。

小号斜挎包穿出可爱气质

选择冰淇淋色彩的小号斜挎包，搭配活力四射的短裙与 T 恤，扎上个马尾，甜美可爱的气质正符合火热的夏日。

怎么用皮质邮差包扮靓

每个女性的衣橱中，必备的扮靓潮品是T恤、修身潮裤和高跟鞋，这种装扮能拉长整体比例。这时候，搭配一个亮皮质邮差包，会瞬间让人感觉朝气十足。

挎包什么长度才不显土

除非是特定的款式，最好不要选择从中间斜挎背包为妙，选择左侧或者右侧单边被最合适，长度刚好在胯部上下浮动，方便放手也不会显得累赘。

邮差包如何选择

邮差包在颜色选择上很重要。灰色或咖啡色都显得黯沉，黄色对肤色偏黄的女性来说也不好，想要自己很健康又很活跃，不妨选择一款颜色偏向于亮色和暖色的包包。

亮色邮差包打造英伦气息

充满活力的颜色，搭配衬衫与牛仔裤让你在休闲之余也不失时尚感，别忘了选择一双舒适的平底鞋，也可以为你的英伦范儿增加不少分数。

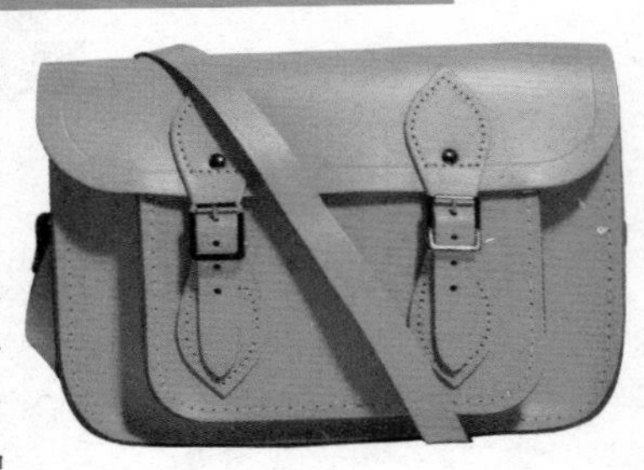

双肩邮差包回归校园气息

想要穿出校园气息，首先选择一件浅色的衬衫和一条短款的百褶裙，再加上复古棕色的双肩邮差包，不需要校服就可以穿出校园粉嫩的气质。

水桶包怎么搭才轻便率性

浅色的水桶包在视觉上能给人减重的感觉，上衣、裙子及鞋子与水桶包颜色的相互呼应，这样的搭配整体而不凌乱，轻便而不显得有过多的累赘。

734

邮差包掀起复古风潮

简洁硬朗的邮差包是不可缺少的挎包之一，棕色的邮差包最具复古英伦气息，根据潮流的发展，邮差包出现了各种颜色甚至拼色的款式。

逛街通勤两相宜的机车包

机车包的设计是从机车夹克的领子上获得的灵感，它将斜拉链的设计引入手袋上颇有新意。大小刚好的机车包，无论搭配 T 恤、牛仔短裤，还是夹克与长裤都可以。

秋日怎么挑选机车包

咖啡色、米色等深色偏暖的色系适合秋日使用，绒面的机车包也比漆皮的更显温暖，搭配小西装外套或者哈伦裤，率性干练的同时还带着些许优雅气质。

柠檬黄色的包包怎么搭配

撞色在当下最为流行，艳丽的对比色相搭配，带给人们更多的视觉冲击，黄色的包包与 T 恤搭配玫红色的短裤与平底鞋，原本不可能相搭的两个颜色同时出现，让你更具活力。

什么款式的包包最适合夏天

可爱的糖果色包包无疑是夏天最好的选择，它们不仅百搭，而且，无论是现时最流行的连衣裤、超短裤，还是连身裙，背上它们都能潮气十足。

渐变枕头包梦幻又有女人味

枕头包颜色鲜艳，晶莹剔透，时刻绽放异彩。捕捉光波舞动，恰似沉醉于海边温暖的盛夏余晖之中，幻化出亮丽色调，再搭配丝质连衣裙或者上衣彰显奢华气质。

秋冬季节大号手提包唱主角

大包包在秋冬季成为主角，超大的外形不仅豪爽帅气，也特别能装入各种“以备不时之需”的物件。尤其是秋季，开衫、围巾或是晴雨两用伞，这些刮风下雨降温突袭时的必备品都能装下。

夏日机车包怎么背清凉

想拥有清凉的装扮，首先要有一件宽松的浅色背心搭配牛仔热裤。夏日里，以黄、粉、红等颜色比较鲜艳的机车包为首选，亮色的机车包点亮了平庸的穿着，让你时尚感倍增。

把旧衣服搭出怀旧感的复古包包

水洗的牛仔马甲套装显得旧旧的很有质感，简单地搭配条纹 T 恤，再用一条腰带把曲线修饰得更完美，复古的红色手提包与布洛克鞋子相呼应，让整个装扮看起来复古而不沉闷。

藤编手提包打造夏威夷风情

藤编包包出勤率最高的就在夏日，用它搭配长裙与草编大檐帽，配上人字拖或者罗马平底凉鞋，在海边度假将会是最清凉的风景。

硬朗手提包背出干练女性

提到职业包的硬朗你还停留在大大厚厚的电脑包上面吗？其实休闲简洁款式的 A4 大小的硬朗手提包也可以让你的干练与睿智不经意间从身边的包包中流露。

职业女性就选子母手提包

子母手提包可以将包中的公文与私人用品合理规划，不仅让你的生活更加合理、有序，而且大小包包共处一处，可以自由拆分，适应不同的场合。

简洁款手提包如何赋予优雅气质

丝巾不仅可以当颈部饰品和头饰，而且，把它缠绕在包包上作为配饰可以让你更大气优雅，它比较适合与硬朗、简洁的手提包搭配。

时尚类型公司面试什么包包最合适

如果你去的是化妆品、服装设计、模特等这种走在时尚前沿的公司，最好用色彩艳丽一些的肩包、肘包或者拎包，但是尽量不要用背包或者斜肩挎包及单肩挎包。

不适合面试用的包包

面试最忌讳的就是张扬和虚荣，包包绝对不要使用让人一目了然的名牌，它会让你看上去过度浮夸。

中高档包包五金质量也很重要

看箱包自身的质量如何，金属是一个要害的部位，用手摸起来光滑，掂起来有质感，做工精细的都属于上等。

皮包如何鉴别真假 750

用手触摸皮革表面，如有滑爽、柔软、丰满、弹性的感觉就是真皮；而一般人造合成革表面发涩、死板、柔软性差。

真皮包包如何放置 751

真皮皮包不用时，最好置于棉布袋中保存，不要放入塑料袋里，因为塑料袋内空气不流通，会使皮革过干而受损。包内最好塞上一些软卫生纸，以保持皮包的形状。

包包车线也能显示质量 752

每个部位车线的颜色要求与面料的颜色相搭配，视觉上协调一致。包包行业对“车线”的针距密度要求是“一寸七针”，一般高中档包包在制作上都会严格按照这个标准。

皮包湿了怎么办 753

皮包如果不小心弄湿了，可先用干毛巾吸干水分，里面再塞些报纸、杂志之类的东西阴干，千万别直接在太阳下暴晒，那样会使得心爱的包包褪色、变形。

CHAPTER 10

配饰

活学活用
百变配饰的
造型通关秘籍

选对腰带修身又美观

对女性来说，现代服装合身的剪裁和精妙的设计，使得腰带的实用功能在下降，而美观作用却在不断上升，选对合适自己的腰带还能优化身材曲线。

松紧腰封打造小蛮腰

紧致的腰封是收腰效果最好的，同时较宽的宽度也不像细腰带那样勒出赘肉，适用于大部分连衣裙，能轻松收拢出纤细小蛮腰。

简约细腰带高雅时尚

细腰带由于其纤细修长的外形特征，给人高雅、时尚的感觉，搭配职业感的服饰时给人干练利落的气质，搭配甜美系的服饰则给人精致有品位的感觉。

丝绸腰带怎么搭

丝绸腰带给人古典雅致的美感，搭配雪纺类轻柔质地的裙装，不仅起到相互烘托的作用，还能收紧腰身，打造错落有致的身姿。

基本款腰带的穿搭经

最原始、最基础的往往是经过时代的冲刷后经典不败的，没有花哨的设计，只是基于最初的功能化，简洁易搭，与款式简约的裤装和包臀裙是最佳组合。

蝴蝶结腰带装点女性柔美气质

蝴蝶结一直是甜美俏皮的代表元素，是最适合表达女性特征的细节设计之一。根据服饰的风格和特点选择蝴蝶结腰带的尺寸，对于整体气质的突显起到点睛作用。

棒球帽是春夏出街标配

洋溢着青春气息的棒球帽是春夏出街的好搭配，正着戴能让你轻松变成巴掌脸；喜爱个性打扮的女生可以尝试反戴棒球帽，搭配宽松的 T 恤和牛仔裤，随性又潇洒。搭配宽大的卫衣松垮的裤子，轻松打造嘻哈潮人范儿。

丝巾的腰间点缀搭配

丝巾除了能系于颈部，将丝巾点缀在腰间也是一个不错的选择。无论衬衫、吊带还是西装，搭配印花裤装绝对够潮。试试丝巾充当腰带吧。色彩够抢眼，质感还很上档次。

762

腰带打造利落干练通勤风

腰带不仅可以系在裤头或者裙子上，用它外搭也能达到很完美的收身效果。一件外表简洁的中长款马甲，因为腰带的外搭而更有干练气质。

设计感超强的新奇腰带

印花款、钉珠款等各式各样新奇的腰带，能够充分满足女性对于穿衣打扮的自主性，选择与服饰风格相搭配的那一款腰带，就能起到锦上添花的效果。

系带式的腰封复古瘦身

系带式的腰封呈现出一种复古与时尚糅合的样式，选择深色的款式不仅起到拉高腰线的作用，还能让腰围看上去再小一个码。

存在感超强的超宽腰封为着装加分

存在感极强的超宽腰封，有效收细视觉腰围，令众人惊叹你的纤细高挑，让原本普普通通的造型瞬间得到升华，跳脱出日常的条条框框，紧紧抓住街头所有人的视线。

辫子腰带浓浓波希米亚风情

手工编制的辫子腰带搭配波希米亚风情的长裙再合适不过，它不仅让原本宽松的长裙有了腰线，还能让你身体曲线更完美，矮个子女生有了它穿长裙也不用担心显矮了。

同材质腰带搭配省时又整体

裤装配套的同材质腰带，它在让裤装更好穿更具实用性的同时，保证造型的完整性，也省去了搭配的时间。不仅解决了有些女性高腰裤“挂不住”的烦恼，还能让裤型更修身。

随搭 T 恤牛仔裤腰带来修饰

T 恤配七分裤的造型简单方便，受许多女性的青睐，却不知道该怎么穿出个性。配有金属感细腰带，既符合整体休闲感，又增强了细节感，让双腿看起来也修长了不少。

最简单的围巾佩戴法

当敞开穿着长大衣或长风衣时，最简单的围巾佩戴方法，只要在脖子上一挂就能出门了！这样的做法虽然“简单粗暴”，倒也非常能挡风哦！即使外套敞开，也不会感觉太冷。

单圈挂肩围巾戴法随性又经典

这是最常见的围巾戴法之一，它能将你的脖子 360 度包裹住。而围巾垂下的部分可以自由发挥。如果你喜欢潇洒的自由感，单根垂在肩头最合适。如果你是“强迫症星人”，那就让围巾的下摆左右对称吧！

外套如何搭配腰带

外套上的腰带把握不好会令人觉得有种古怪的累赘感，所以要选择与外套有相呼应元素的腰带，不会太惹眼，又能提升腰线。

腰带巧解撞色生硬烦恼

撞色拼接是当下的时尚大热，但有时候鲜艳的撞色拼接处显得过于生硬，色彩过渡很不顺眼，用亮色腰带来遮住色彩过渡线，能够轻松改变撞色的生硬效果。

细腰带与针织衫穿出休闲范儿

细腰带搭配毛衫永远都是不容易犯错的百搭法则，简单且易学，打底 T 恤加上紧身靴裤，外面罩一件大码毛衫，就能展现随意休闲感。

腰带怎么搭最遮肉

对于长款 T 恤这类休闲随性的服饰，如果想增加遮肉效果，不如用一根细绳系起的方法，腰带完全被收拢起的宽松部分遮挡住，只留下玲珑有致的俏皮甜美感。

风衣配腰带打造黄金比例

在风衣上高于腰线的位置加一条腰带，就能将腰线的视觉效果上移，不动声色地调整了全身的比例，将上半身缩短，下半身拉长，黄金比例轻松系出来。

旧衣新穿宽腰带来改造

T 恤或衬衫搭配高腰 A 字裙，不仅遮住了臀部与大腿的赘肉，还能拉长腿部的曲线，配上一条宽边腰封让原本休闲的两件套拥有连衣裙的视觉，整体感十足，而又不显得唐突。

最易带给你惊喜的绅士帽

穿中性化的服装肯定很出彩。绅士背景的礼帽与毫无绅士感可言的暴露女装，会呼应出最戏剧化的性感。而帽子上各具风格的装饰，以及与连衣裙等服装的新式配搭，更让绅士帽的配搭有了一种颠覆传统的玩笑气质。

增添反差感的鸭舌帽

可以为造型增添个性的鸭舌帽，既帅气又复古。中性的女生可以尝试，对于甜美感的女生也是一个造型单品。为了出效果，将鸭舌帽与连衣裙进行超常规配搭，反而会透露出强烈的现代感。

立体感连裤袜打造复古范儿

立体的麻花纹路是冬季保暖又有风度的大热单品，用它来搭配复古的毛呢大衣或者是包臀短裙不仅显瘦，还为冬日暗色调为主的搭配增添细节和质感。

糖果连体袜如何搭配不像圣诞树

糖果袜的搭配可以撞色和同色，但要注意上衣与鞋子中要保证其中一样是黑、棕、灰等中性色系，才不会让自己看起来像棵圣诞树。

银丝丝袜如何搭配

带有闪亮银丝的丝质筒袜与同样带有亮晶晶宝石的高跟鞋相搭，不但色彩风格一致，还具有拉长小腿的效果。

甜美派必败蕾丝袜

甜美乖乖公主要必备蕾丝袜，精致的纹理让气质都连带着得到提升。并不是黑色才能显瘦，纯白的丝袜因为在光线下有着更明显的明暗阴影过渡而让双腿显得笔直而修长。

袜套细心呵护双脚

袜套也日系气息十分浓厚的款式，极佳的保暖度呵护着怕寒的小腿，双脚不觉寒冷，也就不会不由自主地把自己穿得胖乎乎了。

过膝袜轻松减龄

过膝袜总是给人日系学生少女的感觉，因此减龄效果十分不错。深于肤色的长袜恰好到刚过膝的位置，让视线停留在双腿最纤细的一段，巧妙地达到视觉转移的作用。

适合圆脸的复古猫眼墨镜

最令圆脸姑娘烦恼的可能就是脸部比较圆润，没有棱角，上镜很容易显得脸很大。而复古的猫眼形墨镜最适合圆脸女生。上扬的镜形能帮拉长脸部线条，修饰脸形，戴出梦寐以求的小 V 脸。

黑色提花袜怎么搭出彩

黑色提花袜让你的腿更性感，但是不要再搭配同色系或者深色的鞋子。选择一双色彩鲜艳的高跟鞋，大反差的效果会更抢眼。

如何选择太阳镜的色彩和深度

简单的自测方法是对着镜子戴上太阳镜，以依稀可以看见自己的瞳孔为限度。颜色太浅的滤光作用太小；颜色太深的则影响视力又削弱色感。

太阳镜防晒又扮靓

太阳镜是每年春夏季的必配单品，除了能够遮挡刺眼的阳光，如今的太阳镜更多时候被作为装饰出现在造型中。根据脸形搭配太阳镜，还可以轻松“瘦脸”。

窄条纹袜的趣味搭配

窄条纹长筒袜适合搭配平跟娃娃鞋，同色系穿在一起，好象是一双靴子，特别适合春秋早晚温差较大的气候穿搭。

糖果色堆堆袜青春又时尚

抹茶绿、柠檬黄、温暖橘、高贵紫、玫瑰红……缤纷糖果色，青春与时尚并具，穿出活力年轻态。搭配平底的牛津鞋，让袜口随意堆叠在脚腕，别有一番风味。

袜子叠穿打造纤细小腿

穿短裤或者短裙时可以试试两双袜子叠穿，一长一短会更加有层次感，短袜不要把它拉得太长，皱皱的感觉舒服又显瘦。

夏日不可缺的宽边遮阳帽

在烈日炎炎的夏天，去海边绝对不可缺少的遮阳帽，绝对是防晒的好帮手。宽边遮阳帽防晒力强，淑女感的太阳帽适合搭配斯文的连衣裙，而帽檐翘起的太阳帽则适合搭配俏皮的休闲装。

带来清纯感的毛线无边帽

花式毛线或者是粗棒针织的毛线帽子，在空中飞飞扬扬的小丝线，会让任何一个外表普通的女生变得清纯起来。在冬天也是保暖的利器。不过它的缺点是让头部显得比较大。

茶色系太阳镜护眼效果最佳

茶色系镜片可吸收光线中的紫、青色，几乎吸收了 100% 的紫外线和红外线。柔和的色调，让眼睛比较不容易疲劳。是十分优良的防护镜片。

合理安排佩戴太阳镜场合

有些人不分场合，不论太阳光强弱，甚至在黄昏、傍晚及在看电视时也戴着太阳镜，这会加重眼睛调节的负担，引起眼肌紧张和疲劳，使视力减退，严重时会出现头晕眼花等症状。

什么是太阳镜综合征

太阳镜综合征，是指长期戴太阳镜，而造成视力下降，视物模糊，严重时会产生头痛、头晕、眼花和不能久视等症状。预防太阳镜综合征就要正确选择和合理使用太阳镜。

圆脸适合什么款式的太阳镜

肉肉的圆脸虽然看起来可爱，不过选择太阳镜上可是有很多的讲究，由于面部线条太圆润，因此不适宜佩戴圆形或者挖角的太阳镜，蝶状形的会更好。

瓜子脸怎样挑选太阳镜更合适

人人羡慕的瓜子脸几乎适合所有形状的太阳镜，不过线条稍微圆润、浅色、粉色系列的太阳镜，会增添你的妩媚指数，也显得皮肤更加白皙动人。

最具明星范儿的心形脸如何挑选太阳镜

心形脸看起来精致最具明星范儿，倒三角形的轮廓，上宽下窄，因此太大或者太粗线条的太阳镜都会使面部轮廓显得更宽，而选择轻巧及多边形的镜框更合适。

鹅蛋脸戴什么太阳镜更出彩

椭圆形的鹅蛋脸能驾驭的太阳镜款式数不胜数，唯一要注意的是，为了使面部看上去宽阔且不会显得脸太长，尽量不要选择无框的太阳镜。

方形脸选太阳镜的诀窍

镜框边角做圆滑处理的太阳镜适合偏方形的脸形佩戴，略微带点圆弧的柔和线条能够让你的脸形也随之柔和。

玳瑁花纹太阳镜当下正流行

玳瑁花纹镜框给人一种神秘迷离的感觉，在复古风大热的季节，搭配复古纹样的衬衫与A字裙，这样的装扮更赚回头率。

粗框太阳镜修饰长脸

如果你的脸形偏长，可以选择一副粗框太阳镜，它能减弱脸部的细长感，酒红或粉红等暖色系增强气色，让你看起来更具女人味。

百搭中的经典雷朋墨镜

经典款的雷朋太阳镜，几乎适合所有脸形，带上去十分有范儿，无论是搭配T恤牛仔裤还是西装都不会觉得不妥。

半透明框太阳镜轻松复制街拍达人

半透明框的墨镜也是当下大热明星款，如果怕颜色太暗淡可以内搭亮色系的衬衣，街拍达人的造型轻松复制。

怎样的妆容配太阳镜最好看

戴上太阳镜，眼妆就显得不那么重要了，这时候要注重唇色的搭配，复古圆框墨镜搭配红唇很有复古名媛范儿，而造型夸张一些的太阳镜，可以用裸色等浅色系的纯色让脸部更协调。

一件丝巾如何夏季冬季都能用

807

首先选择大小合适的丝巾，最好别选太小的，否则配上冬装会显得过于轻而薄。合适的丝巾大小正好可以将身体裹住，这样既能在夏季把其当作防晒衣，又可以在冬季当作披肩。

豹纹围巾让你轻松扭转气场

豹纹，永远是女人的最爱。一身简洁的风衣，丝袜和短靴，只需一条个性的豹纹围巾，就可以轻易让你扭转气场，更具魅力。

完美的早秋围巾搭配

早秋时节，性感的无袖T恤搭配紧身牛仔长裤，卷起裤腿作为九分裤更适宜，颈上松散地围条与全身非常相称的丝巾，就是完美的早秋服饰搭配。

打破冬日沉闷亮色围巾来支招

冬日的服装几乎都是比较沉重的颜色，用一条亮色的围巾来调和整个沉闷的气氛，不仅能够保暖，亮色的围巾还会让你的气色更好。

811

复古圆框太阳镜如何驾驭

彩色边框的圆框太阳镜复古而又不死板，夏日选择浅色系的太阳镜搭配棒球帽清爽又阳光，秋日一顶大帽檐的毛呢遮阳帽可以让你拥有法式风情的浪漫气质。

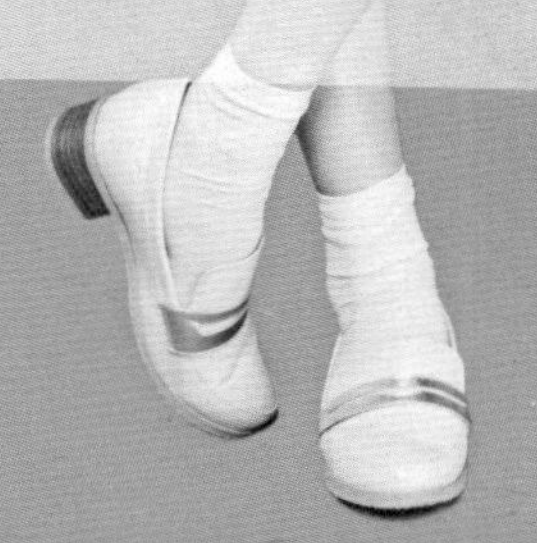

812 流苏针织围巾如何搭配

经纬编织，密实却柔软，保暖且大气，搭配羊毛或羊绒毛衣，将围巾随意搭在肩头，平铺一层在胸前，既可以当围巾也可以当披肩，高贵气质瞬间流露。

813 雪纺印花围巾让白色衬衫耳目一新

将雪纺印花围巾折成适当宽度从前面挂到脖子上，围巾两端在颈后交叉后再绕到胸前，普通的白色衬衫给人耳目一新的感觉。

814 通勤必备真丝围巾

雍容华贵的真丝围巾为熟女和商务白领必备，质感上乘，气质高雅。熟女约会和白领通勤及商务场合都很适宜。搭配连衣裙或职业装，采用领带系法或者围脖系法都可以。

815 撞色格子围巾怎么围好看

撞色格子围巾是永不落伍的经典款式，适合搭配纯色毛衣，适合采用双层侧领结的系法，造型比较小巧，容易搭配。既适合休闲装扮，也适合正式端庄的装扮。

816 韩式三角结系法轻松遮肉

最显瘦的系围巾方法是韩式三角结系法，只需把围巾折成三角形，把三角尖放到胸前，然后拉围巾两边从前边绕到脖子后边系好，系好后把剩下两个角放到胸前即可。

817 最混搭的围巾系法

乞丐混搭结首先要求围巾要很有个性，有种破旧、凌乱的感觉，将围巾从前面挂到脖子上，围巾两端在颈后交叉后再绕到胸前，最后将围巾的末端藏进围巾中即可，百搭随性显个性。

818 商场挑选帽子攻略

绝不坐着试戴帽子，而且不能只对着小镜子看。你一定要站在落地长镜前，在从头到脚都看得到的情况下，才能看出帽子戴在你头上所产生的效果。

矮个子的选帽子禁忌

个子小、头小的女生，不要戴帽沿太宽大的帽子，否则会被压得更矮小，类似贝雷帽、棒球帽等帽檐相对较小的帽子比较合适。

身材丰满怎样挑选帽子

身材较为丰满，或者有一个大号头型的女性，需要的也是一顶大小适中的帽子，千万不可因为觉得可以比较“宽大”就戴一顶大帽子，那样会让你看起来更加庞大。

巧用帽子衬肤色

皮肤偏黄的人适宜戴深茶色、米灰等颜色的帽子，不宜戴黄、绿色的帽子；皮肤黝黑的人在选用鲜艳色彩的帽子时，要注重着装的整体效果，根据服装来搭配帽子效果。

瓜子脸如何戴帽子最好看

瓜子脸的女性，几乎适合戴各种款式的帽子，但是要注意帽型深度要适中，以露出脸形的1/3左右最能突显优美的脸部线条。

方形脸适合什么样的帽子

不规则的边及显眼的帽冠，会使脸形看起来更漂亮；以露出脸部3/4为宜，适合八角帽、牛仔帽、卷边帽、礼帽等。

倒三角形脸巧用窄帽檐转移注意力

倒三角形脸形，许多帽型都适合，只要注意利用帽檐遮盖掉脸颊上部较宽的区域线条。空心帽佩戴时正好遮住额头面积，还可利用脸颊两旁的发丝辅助修饰。

让沙滩造型大放异彩的大檐帽

大檐帽的遮阳效果最佳，特别适合夏日度假时佩戴，一席长裙因为大檐帽的出现而大放异彩，不仅显得脸小还具有防晒功效。

毛呢大檐帽增添女人味

毛呢大檐帽适合比较复古的款式，复古的双排扣毛呢大衣或者是高腰包臀裙，配上烈焰红唇，会让你尊贵典雅，戴上墨镜还会增添气场。

长脸的人怎么戴帽子缩短脸形

长脸形的女性，帽子不宜过高，不然会使得脸部线条更长，戴帽子时以露出脸部2/3为佳，适合渔夫帽、大檐帽等。

平沿帽戴出高街范儿

一顶字母或者撞色的平沿帽搭配上T恤与Boyfriend款的宽松牛仔裤，休闲又时尚，色彩鲜艳的平沿帽会为你平淡的着装加分不少。

圆脸戴出漂亮瓜子脸

较长帽冠加上不对称的帽沿，可以增加脸的长度，而不致使脸看起来太丰满。贝雷帽、鸭舌帽、军帽、骑士帽等都适合圆脸佩戴。

大球针织帽尽显俏皮

冬日针织帽是必不可少的潮人单品，帽顶带有毛球的针织帽搭配宽松的卫衣与紧身牛仔裤和平底鞋，保暖的同时还能演绎潮流感。

马尾加报童帽学生味十足

简洁休闲的小马尾发型深受年轻女性的喜爱，搭配一款学生味十足的针织带沿报童帽再适合不过了，染色后的发型最好选择深色款式来对比。

嬉皮礼帽与中卷发最搭

嬉皮的礼帽让中卷发发挥得淋漓尽致，因为卷发的卷度比较小，所以不用担心发型容易变形，用它搭配皮衣、夹克都会很嬉皮可爱。

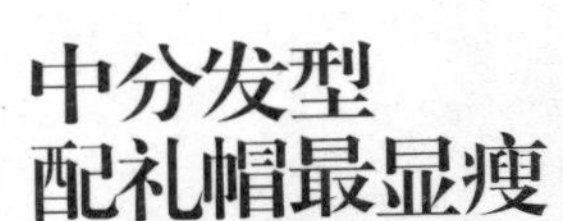

中分发型配礼帽最显瘦

发型对脸形的影响都是因为刘海，中分刘海可以拉长脸部线条遮挡脸颊，且非常不容易被挤压变形，所以中分戴礼帽是最佳的选择。

蕾丝平顶帽与卷曲短发搭配最甜美

在亚麻色或者浅金色短发的基础上将发尾部分做出垂直螺旋法式卷，搭配一款典雅的绸花蕾丝网平顶礼帽，更具有西洋复古风情。

针织贝雷帽打造典雅贵气名媛

细针织的贝蕾帽，为名媛感发型带来更多复古感。如果是黑色头发，可以选择奶茶色系或珍珠色系的帽子款式；如果是染发，可选择基本的黑色或白色帽子。

836

小礼帽如何打造复古范儿

同款的马甲配高腰哈伦裤，加上与衬衫颜色相同的腰带，相互呼应，简洁大方。头上搭配一顶小礼帽让整个装束显得活泼俏皮。

CHAPTER 11

首饰

让细节
成为加分点的小物
搭配智慧

瓜子脸适合哪种项链

对于尖形脸的女性来说，不适合佩戴 V 字形的钻石项链。这样长度的项链只会让脸更显得尖长。这类女性适合佩戴长度稍短的项链，让脸部线条看起来更柔和。

圆脸巧选项链变 V 脸

对于圆形脸的女性来说，比较适合佩戴长一些的项链。这样的项链长度能够稍微拉长一些脸部曲线，让脸部线条更加完美。

用色彩点亮麦色肌肤

如果肤色比较黑，可以大胆地选择黄、桃红色甚至荧光色等鲜艳色彩的项链，它不仅不会显得皮肤更黯沉，还可以让肌肤看起来健康有光泽。

“V”字点缀让方形脸线条更优美

方形脸的女性佩戴“V”字形加吊坠的项链最漂亮，而中长度的项链也是首选，因为它可以让脸部线条看起来更加修长。

脸色偏黄适合戴什么项链

脸色偏黄的女性尽量避免黄色或者黑色出现在自己的脸部周围，佩戴琥珀、玛瑙、白金、紫铜会比较适合，它们可以协调衬托皮肤。

叠戴首饰搭配法

如果在挑选项链时你还在犹豫哪一条更合适，不如试试叠戴搭配。按照从上往下的顺序，项链由细到粗，从小到大，从简单到复杂地叠戴。40 厘米的锁骨链搭配 45 ～ 60 厘米的吊坠项链比较不易出错。

项圈 + 长吊坠搭配法

在选择多条项链进行搭配时，可以先寻找约 35 厘米的项圈作为叠戴的第一层，而最下面一层是长度约为 75 ～ 85 厘米的长项链。长短距离较大的搭配方法在视觉上比较有层次，透出性感的味道。

短脖子拉长术让自己看起来更挺拔

脖子短的人，往往缺乏挺拔感，佩戴太短的项链会使脖子显得更短。因此适合佩戴 V 形的项链或者有挂坠的项链，会使短脖子有拉长的感觉。

脖子细长戴什么项链让脖子更秀丽

脖子细长的人，不适合佩戴太长的项链，因为项链有纵向视觉拉伸作用，因此应该选择佩戴浅色项圈或小巧精致的项链。这样可以突出脖子秀丽又不会显得脖子太长。

项链的质地要与年龄相匹配

年轻人选用象牙项链、珍珠项链，会显得平和、恬静和文雅；而如果选用五颜六色的珠宝项链则会显得神采奕奕、生气勃勃，但不适合佩戴翡翠、钻石、玛瑙等项链。

身材矮小的项链佩戴禁忌

身材娇小的女性如果戴太粗、造型浮夸的项链，会有种重重的饰品把你压得喘不过气的感觉。相反，较细、斯文、简约的短款项链更合适。

时尚颈圈搭配圆领更性感

一件剪裁考究，简约百搭的水手圆领搭配同样线条简单干练的时尚颈圈，简约而不简单。开口式颈圈不太适合颈部偏短的人，会让脖子显得更粗短。而对于颈部稍长的人来佩戴，有锦上添花之美。

高大身材用项链变柔美

身材较高大的女性需要用配饰来转移别人对你粗壮身材的注意力，深 V 领搭配造型比较夸张的项链，不仅填补了领口胸前的空白，还会让你看上去更瘦。

珍珠项链怎样搭不显俗气

纯白唯美的雪纺衫配上晶莹透亮的珍珠项链，着实让整体色泽提升到一个新的水准，充满高贵典雅的光泽感，不仅不显俗气，还可以让你变得更温婉动人。

Y 造型首饰搭配法

用 Y 形项链作为叠戴项链的最后一层，加深纵深感。在项链的第一层或是前两层，选择约 45 厘米的小巧的项链进行佩戴。这样的组合搭配看起来会更加轻松和随意。

假领子项链让你轻松晋级时尚达人

本季最潮的假领子项链，让你轻松体验一把复古的潮流。简约大方的精美外观，无论是奢华的金，还是高雅的银，上身效果都让你从平民变身为时尚达人。

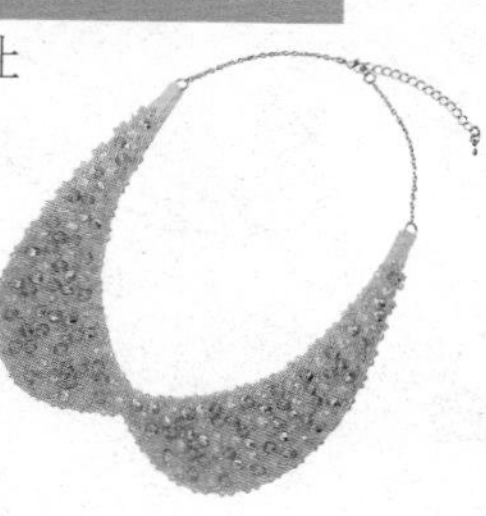

民族风串珠项链如何驾驭

民族风的串珠项链可以化腐朽为神奇，能够让平庸的着装变得熠熠生辉。棉麻质地的连衣裙，素雅色调的毛衣，所有和文艺、民族、异域风格沾边的款型都能与之搭配。

大宝石项链让素色连衣裙不单调

镶嵌着各种颜色宝石的项链，给人华丽的感觉，搭配简约素雅的连衣裙，不仅装饰了颈部的空白，还为这身素雅的打扮增添了名媛的气息。

抹胸晚礼服适合搭配什么项链

搭配晚礼服的一定是符合出席晚宴等正式场合的项链，简约而又大气的珠宝项链最适合，但要注意项链长度不能太长，恰到锁骨附近最好。

为毛衣选一款最适合它的长款项链

冬日毛衣想要表现出可爱的卡哇伊就用亮丽的色彩来搭配，想要搭出轻熟的优雅就采用深色系来搭配，怎样搭配完全看你所需要呈现的风格。

古铜色系项链怎么搭合适

如果有古铜色的项链，就可以选择橘色或暖色系的衣服，但是选择衣服颜色时尽量不要选色度跟项链一样的，深颜色的项链可搭配较浅颜色的同色系衣服，较有层次感。

夸张首饰搭配高立领毛衫

秋冬季节穿的高立领毛衫，通常质感厚实，色调不张扬却极具女人魅力。在项链配饰的选搭上可以选择有重量感的夸张首饰，用叠搭方式和不同长度的叠戴打造出层次感。

大项链适合搭配一字肩

一字肩的抹胸领口，总是给人感觉很硬朗的感觉，颈部需要一条无论在颜色还是在造型上都有存在感的项链来完美映衬补充。选择一条存在感极强的夸张金属项链，或是带有亮眼元素的项链都是不错的选择。

860

项链让通勤装大放光彩

一身简约的黑白通勤装看上去难免会显得单调，选择一条精致又有造型感的金项链，不仅成为整个着装的点睛之笔，无形中也为你增添了气场。

素面高领上衣适合什么样的项链

高领上衣适合佩戴长款项链。最出效果的项链应与衣服颜色相反，如深色衣服配闪亮的项链，黑色衣服搭配颜色鲜艳的项链。

哪种项链钩扣最坚固

坚固的钩扣是一条项链质量的最本质要求，"虾爪钩"和"桶扣"是最牢固的。"虾爪钩"的闭合结构是一个拉长的粗钩，而"桶扣"则是两端共同旋紧，形成一个桶状结构。

如何挑选品质好的珍珠项链

珍珠的品质要看光泽，光泽度高的珍珠能很好地反射光芒，可以在它的表面看到自己的倒影；而光泽度低的珍珠看起来是混浊模糊的。

方巾混搭手镯的戴法

小小的一条方巾也能成功"变身"Choker、手链、臂环甚至脚链……可以选择和丝巾同色系的珠宝；也可以选择花色的方巾和素面的珠宝相搭配。需要注意的是，1～2条方巾最佳，而且方巾的尺寸不易过大，以免影响珠宝效果。

多环项链增加衣服层次感

多环项链适合搭配剪裁较为平面的衣服，它可以增加衣服的层次感，在丰富视觉的同时，还能够拉伸脸部线条，让你看起来更瘦一些。

木质项链打造森女风

木质项链与石头项链是最贴近大自然的材质，选择素色的棉麻质感的T恤或者长裙，搭配一条长款的木质项链，清新又有质感。

动物吊坠增添可爱度

一身休闲T恤，因为有了精致的动物吊坠会给平凡的休闲装加分不少，在挑选吊坠时最好挑选颜色与衣服图案相呼应的。

搭配巧思衬衫领子下藏项链

一条金属感十足的链条项链戴在衬衫领子下，会让浮夸的项链瞬间低调许多，但露出来的部分会让整个装扮显得十分有心思，也很有街拍范儿。

浮夸手镯的佩戴禁忌

强调原始质感和夸张轮廓的手镯对佩戴者的气质要求很严格。建议气质甜美、温柔的女性不要尝试，因为在观感上会有“压不住”配饰的感觉。

配饰要学会取舍才能精彩

圆形轮廓的首饰因为本身的存在感非常强，因此，建议在整体搭配时，耳环、项链、手镯选择一件就够，否则会给人不堪重负的感受。

戴手镯也要注意场合

朋友聚会、夜店狂欢时浮夸风格的配饰是不错的选择，但如果想戴入职场，务必在配饰的大小、色彩上多加斟酌，有这个风格的精髓又有所收敛的款式更适合职场。

装饰主义让冬季大衣熠熠生辉

装饰主义的珠宝手镯非常合“大女人”们的心意，它带来的贵族气息，华美质感，能让质感上乘的呢子大衣、丝绒裙装锦上添花。

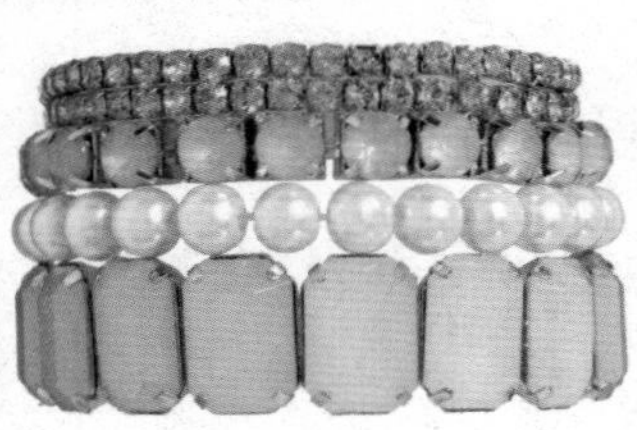

亮丽民族风手镯增加手部亮点

彩色手镯，色彩亮丽，非常适合搭配民族风的服饰，不敢尝试鲜艳色彩服饰的女性，不妨戴上这样一款手镯增加亮点。

若隐若现的小巧颈链

夏天是连衣裙的世界，无论是贴身深 V 款还是热情浪漫的波希米亚长裙，在搭配项链时要凸显精致细节又不要破坏整体风格才是我们想要的。所以项链体积不要过大，款式不要复杂，链条尽量的贴合身体，若隐如现的效果才是完美。

修饰脸形的扇形耳饰

灵动的耳部装饰是夏天不可缺少的亮点，扇形耳饰因为修饰脸形而成为潮人们的“新宠”，单边佩戴起来也更加时髦。而长度及肩的轻盈耳线也很适合搭配露肩的服装款式。

充满异域风情的大宝石手镯搭配要诀

充满异域风情的大宝石手镯，搭配平纹棉布、丝缎和轻薄面料的服装，一轻一重，让整体搭配很有节奏感，效果会很不错。

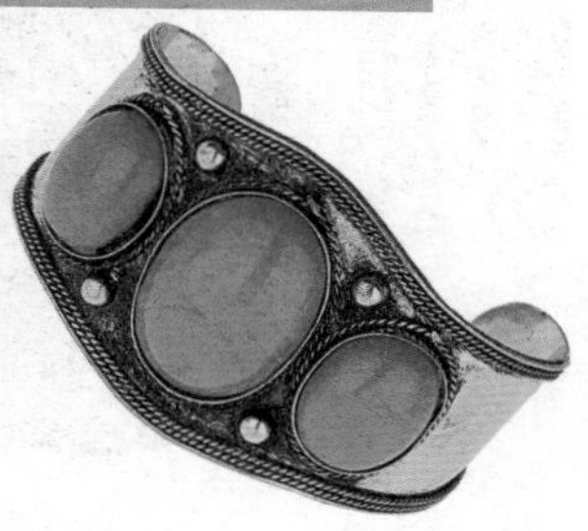

反射面多的手镯如何搭配出质感

大块水晶手镯反射面多，在光线下极度耀眼，如果搭配光泽感强的面料，会是派对上让人瞩目的焦点；如果与亚光面料搭配，也会是日常工作时的点睛之笔。

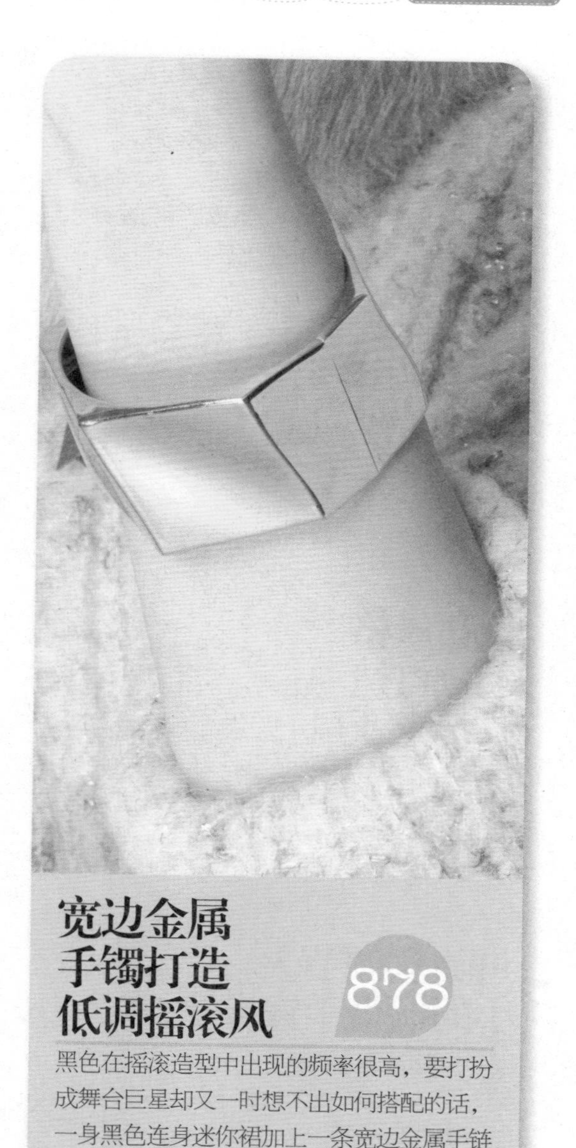

宽边金属手镯打造低调摇滚风

878

黑色在摇滚造型中出现的频率很高，要打扮成舞台巨星却又一时想不出如何搭配的话，一身黑色连身迷你裙加上一条宽边金属手链即可。

华丽摇滚风也要点到为止

即使是华丽摇滚，也要点到为止，简单的金属手镯、各种镶嵌的大号项链或是铆钉配饰1~2件足矣，切忌全部招呼上身。

蛇纹戴上身野性又时尚

以蛇纹为外观的手环，野性之中带来精品气息，无论是中性的穿搭，还是性感的穿着，都能相得益彰，展现出时尚风味。

叠套风格手链打造波希米亚风

叠套的配饰存在感十足，用它来搭配飘逸的长裙可以轻松打造波希米亚风情，让异域的美感在错落有致的手镯中尽显魅力。

可随意调节大小的缎带手镯

镶满水晶和莱茵石的缎带手镯是当前流行的配件之一。用它搭配紧身包臀裙，华丽中不失独特的秩序美感，极女性化的设计中却透露出少见的酷感。

朋克外套穿出甜美感

其实牛仔款朋克外套同样也可以穿出甜美的效果，用它来搭配粉色系的雪纺裙，再挑选同颜色的甜美系手链，就可以十分甜美。

永不退潮的单品搭配

金色多层手链呈现高调和优雅，搭配机车马甲与角斗士高跟鞋，朋克风呼之欲出，金色多层手链绝对是最抢眼且不退潮的单品。

项链与手镯配套时尚指数上升

中性色的衬衫用哑光金属项链和手镯来搭配，而且选择纹路有古老的文化气息的配饰，再抹上红唇，让你瞬间晋升时尚达人。

皮带式手镯要怎么搭配才妥当

皮带式手镯其实很容易搭配，用相称材质的皮夹克搭配牛仔裤，再佩戴上它，就可以变成秋日慵懒又酷感十足的装扮。

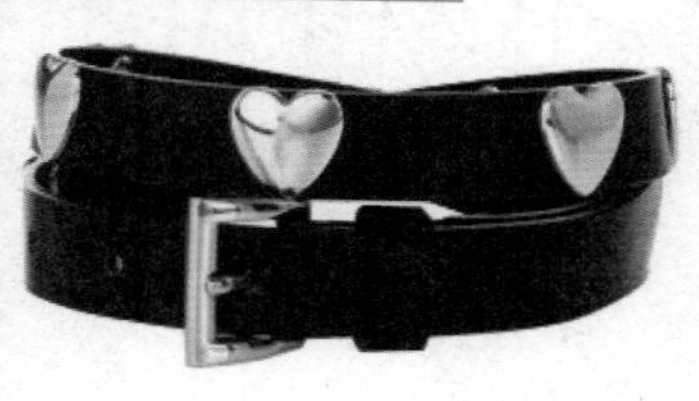

糖果色配饰点亮夏装

夏日极简的穿衣风格一直得到推崇，只穿一件背心加热裤就出门难免有些平庸，搭配糖果色的手镯与耳环等首饰，可以改变衣着单调的缺点。

多款手链让你举手投足间更迷人

手腕上戴一个细款手链会显得单调，所以根据自己的风格多佩戴几个手链会更显风情，如甜美派的女性可以加上可爱的蕾丝、珍珠元素，甜美度十足！

编织风手链化身民族风

编织风也是当下大热的元素之一，手环或者手镯都很受欢迎，用它来搭配一些旧金属风格的配饰，轻松打造热情民族风，特别适合夏、秋两季佩戴。

根据脸形和衣着寻找耳环

别看到漂亮的耳环就直接往耳洞里塞，选错耳环不仅让搭配怪异，还有可能会放大你的脸形缺点，因此佩戴耳环需要根据自己的脸形和衣着来挑选。

让方脸变小的素雅长款耳环

如果你烦恼于自己的方形脸，那么就尝试搭配一些素雅大方的长款垂坠型耳环吧，它能够很好地修饰下颚，让方形脸在视觉上变小变窄！

青春气息十足的卡通耳环

佩戴一些卡通造型的耳环能够增添可爱气息，尤其是立体感十足的卡通造型更是青春气息十足，是减龄加分的必备配饰。

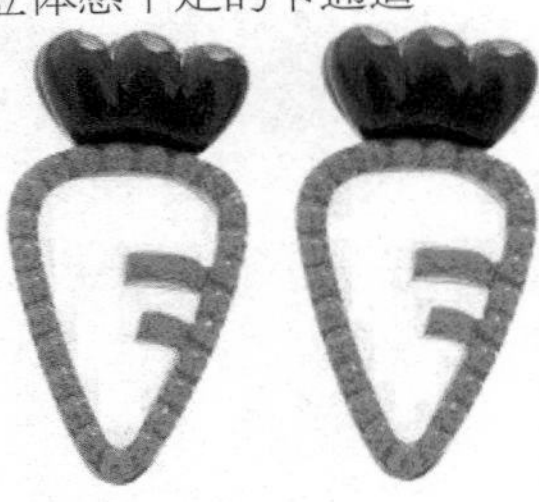

圆形脸避免大环形耳环

大环形的耳环能够让人气质十足，但是并不适合圆形脸的女生，因为这样只会让脸部显得更圆！特别是较短款的圆形耳环更加不宜佩戴。

长脸形适合什么样的耳环

长脸形的女性可戴圆耳环或大耳环来调节面部形象，使脸部丰满动人；最适合戴耳钉，尤其款式夸张、尺寸稍大的，以及大尺寸几何形状的金属耳环，长形脸不适合流苏吊坠耳环。

短发圆脸就选择长菱形耳环

如果你有一头帅气的短发，而脸形又比较圆，建议选择长菱形或是卵形的耳环，这样能够让你精神十足，又能增添活泼感。

气场范儿的大型耳环

一些气场十足的华丽大型耳环适合脸部娇小的女生，同样也适合鹅蛋形脸形的女生，配合相应的服饰，能够打造出十足的女王气质。

女人味就要多点水晶大钻

一些大钻的耳环或是磨砂水晶的耳环都会让人增添优雅气质，同时能够提升女人味，因此可以更多选择不同款式的水钻和水晶耳环。

想要淑女气质就选秀气耳环

想要打造出端庄淑女气质，可以选择较为秀气的细长形的下垂式耳环，或者是水滴形、葫芦形的耳环，都能够帮助提升端庄气质。

光洁高贵盘发需要足够分量的垂坠

当你出席一些重要的聚会时，配合简洁的盘发会非常显气质。此外，还可以选择较为厚重的垂坠感上佳的耳环，这样才能够打造出整体的高贵气质。

齐刘海配大耳环复古又性感

齐刘海配上大圈的耳环，不仅复古感十足，配合相应的妆容也能够让似乎呆板的齐刘海变得性感俏皮，如果你是齐刘海女生不妨尝试一下。

挑选耳环也要看肤色

肤色较深的女生适合佩戴浅色系的耳环，这样使人显得更加明亮，当然也可以选择深色系的耳环，这就需要搭配相应的服饰，而浅肤色的人选择深色耳环会产生相互对比的层次感。

902

首饰同色搭 整体更迷人

撞色的搭配适合潮人，而同色搭配整体则可以增添优雅度。一身薄荷绿长裙搭配同色系的手镯、耳环、头饰，清新的颜色不仅可以让夏日降温，而且还多出一丝柔情。

戒指和指甲油要相得益彰

漂亮的戒指戴在纤纤玉指上，也需有修剪整齐的指甲及与戒指颜色协调的指甲油，才能相得益彰。否则再亮丽的戒指，戴在没修剪或苍白指甲的手上，反而会降低戒指原有的质感。

肥胖型手指适合什么样的戒指

建议佩戴螺旋造型的戒指，虽然看起来有体积感，但能修饰手型，让手看起来较纤细一些。肥胖型手指不适合佩戴过于小巧或过于秀气的戒指，那样会让手看起来更肥胖。

不同衣服搭配不同的耳坠

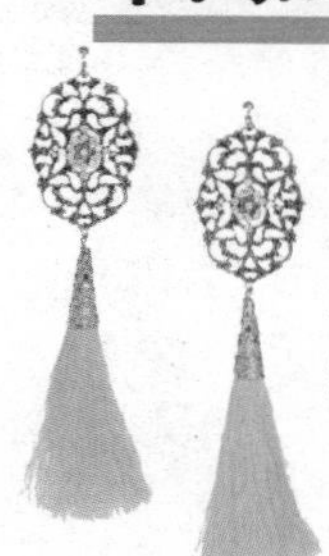

衣裙可搭配流苏状耳坠，即由穗状物排列而成的耳坠，呼应裙装的飘逸女人味。宽松式服装或大衣应选用无穗和扣式、多角、不规则形的贴耳耳环，减轻负赘感。

尾戒增添可爱度

一枚小小的、简单的尾戒，让女性的手莫名其妙地可爱起来，还可以用作拒绝不心仪表白对象的利器，有“我现在只想单身，请不要浪费时间追求我”的意思。

多个戒指的佩戴要诀

在同一只手上戴两枚戒指时，色泽要一致，而且一枚戒指复杂时，另一枚一定要简单。此外，最好选择相邻的两只手指，千万不要中间隔着一座“山”。

设计性较强的戒指如何戴出个人风格

戴设计性比较强的戒指时，如果想更有个人风格，可以考虑搭配另一个材质相同、线条较简单的指环在另一指上。如果戒指的材质属性可以和手表搭配，那是最好的。

第一块名表的保值投资术

从品牌开始，到功能、材质、限量与否，这些决定了一只表的价值，从慎选品牌开始到了解材质与细节，才能挑选到一块保值长青的腕表。

910 白领如何选择手表

无论是什么职业，在正式场合中，皮质表带、面盘设计个性的腕表，既不会抢走你的风头，也一定不会成为整身搭配的败笔。

911 为正装选择一款最合适的手表

剪裁得体的正装行头已经准备就绪，与之搭配的腕表也需要简单利落，大三针和小三针是最佳选择，比起那些让人眼花缭乱的复杂且多功能的腕表，简洁的表盘也更适合你的身份。

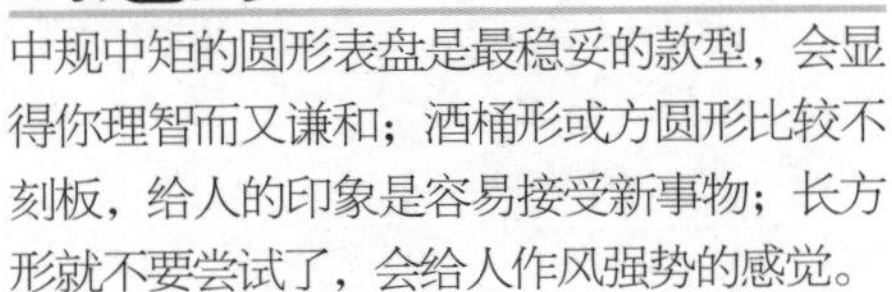

912 不同形状表盘的魅力

中规中矩的圆形表盘是最稳妥的款型，会显得你理智而又谦和；酒桶形或方圆形比较不刻板，给人的印象是容易接受新事物；长方形就不要尝试了，会给人作风强势的感觉。

913 发箍让短发更多变

相对于长发女生来说，短发的女生在发型的设计上会有不少的障碍。不过根据服装的不同搭配和不同风格的发箍，短发也可以很多变。

914 玫瑰金腕带彰显女性气质

纯金腕表不是不好，它确实拥有保值的功能。但金灿灿让人眼晕的腕表，还是不免有炫耀之嫌。相比之下，钢款和钛金会显得更有风度，但玫瑰金的腕表更适合女性佩戴。

915 圆脸如何戴发箍显瘦

脸形圆润者，要将发箍戴在头顶正上方位置，可让视觉向上延伸，转移对圆脸的注意力。不适合选择带有太大的装饰品的发箍，且避免过细或太宽的款式，宽度以 1 ~ 2 厘米为佳。

916 繁花似锦的发箍怎样出行不唐突

繁花似锦般的发箍似乎很难驾驭，但搭配田园风衬衫再加上一个松散的编发，这样出行不仅不显唐突，还会有女神般的优美气质。

提升指尖魅力做有细节的女性 917

复古宫廷风是复古热潮中不可或缺的一种名媛气质范儿，圆形的纽扣指盘设计加上对称的珠宝贴花的戒指，搭配一身简洁的蕾丝套装，简约的配色中彰显细节之美。

长脸巧用发箍阻断延伸感 918

适合将发箍戴在距离头顶1/3处，可阻断长脸的延伸感。需要注意的是，最好挑选素雅、没有夸张的装饰款，千万不要选择装饰位于头顶中央且是高立式的花朵款。

圆形装饰发箍改善倒三角形脸部曲线 919

倒三角这类上宽下窄的脸形，可以将发箍戴在头顶正上方位置，并利用圆形的装饰缓和尖下巴的削瘦感。发饰在侧边位置会比在头顶上方来得好。

CHAPTER 12

内衣

每个女人都需要的曲线打造圣经

如何根据胸型选择罩杯

胸部娇小的胸型要避免压胸的罩杯，罩杯应略大一些，让胸部血液流通；胸部丰满的胸型应选择深罩杯、3/4 杯或者 4/4 杯，1/2 罩杯往往包覆不了丰满的胸部，造成副乳。

想要聚拢效果好应该选择什么内衣

3/4 罩杯的内衣是最强调集中效果的。如果想要让乳沟明显一些，就一定要选择 3/4 罩杯的内衣。1/2 罩杯和全罩杯都不会有特别明显的乳沟效果。

肋骨外侧多赘肉该如何选择内衣

如果胸周的脂肪较多，或者肋骨外侧赘肉多，尽量选择 3/4 罩杯的内衣。这种罩杯包覆效果适中，聚拢效果理想，能舒适聚拢肋骨外侧的赘肉。

薄厚肩选购内衣出发点大不同

薄肩身材要选肩带略靠外侧的设计，肩带宽度略窄，与单薄的肩膀相称；厚肩身材要选择肩带位置居中或者靠内侧的设计，肩带宽度略宽，能够提供足够的拉力。

斜肩易使肩带滑落怎么办

由于斜肩肩部坡度大，容易使肩带滑落，在选购内衣时，不要选择垂直肩带，可以选择肩带在肩胛骨交叉的款式。另外，略宽一些、背面有塑料软垫的肩带也有助防止滑落。

久坐上班族更要注意内衣选择

久坐、活动较少的上班族尽量选择无钢丝、无痕型的内衣，避免长久束缚，导致血液循环不良，危害健康，同时也避免挤压出赘肉和乳腺结节。

新内衣的购买频率

罩杯较小，并且做好日常清洗，内衣一般可以使用大约 18 个月。若是罩杯偏大的内衣，因为需要具备高承托力，所承受的力量较大，更容易磨损。因此大罩杯的内衣，大约 6 个月至 9 个月就需更换一批新的内衣。

透露小性感的内衣搭配法

设计感的胸衣单品越来越多，可以试着直接将 bra 作为单品搭配，比如，胸衣与迷你短裙外搭透明质感的连衣裙，或者用胸衣搭配后背镂空的长款连衣裙，这两种搭配在不失优雅的同时更有性感女人味。

爱出汗的人该如何选择内衣

涤纶、氨纶、腈纶等合成纤维制成的内衣吸湿性较差，不利于汗液的吸收和散发，所以穿了会有闷热的感觉。建议爱出汗的女生选择纯棉质、棉麻混纺、丝蛋白质纤维制成的内衣。

皮肤敏感者可选择简化内衣

这种内衣最早出现在日本，针对爱出汗、对内衣材质过敏的族群，设计师将内衣简化为只有罩杯及必要的肩带，确保皮肤能够充分自由呼吸，同时也适合有湿疹问题的人群。

肋骨突出者该如何选购内衣

太过枯瘦或者肋骨突出者，穿着内衣都会觉有勒痛和磨伤的现象。如果你属于这种情况，尽可能选择无钢圈、罩杯下衬比较宽的内衣，因为罩杯下衬比较窄的内衣会形成较大的摩擦力。

生理期也有特别的内衣注意要点

大多数女生在生理期胸部发胀，因此在罩杯的选择上要偏向舒适健康，选择无钢圈内衣或者钢圈开度大的内衣，材料上以棉质等天然纤维最佳，不要一味地追求聚拢效果。

黏胶纤维内衣有什么优缺点

黏胶纤维是一种以木浆、棉短绒为原料的纤维，包括莫代尔纤维、人造丝、哑光丝等。黏胶纤维内衣穿上去会有丝绸一般的丝滑感，因而大受欢迎。缺点是容易缩水，穿久容易变形。

搭配背带裙的内衣外穿法

穿背带裙时，上衣总是时不时地蹭出来，不如把上衣换成内衣式上装。看似洒脱，侧面又透露着妩媚与小性感。最重要在于保持简单与线条感。一双平底及踝靴，也能在不经意间透漏你的高品位。

搭配高腰铅笔裙的内衣外穿法

能够很好展示臀部线条的高腰铅笔裙与外穿式内衣的搭配，能够让妩媚气质翻倍。挑选复古元素的波点图案，增添细节处的亮点。选择娇艳的红色配饰，画上大红唇妆，为你的造型融入丝丝女人味。

935

为什么穿内衣也会产生静电

在内衣和外衣都含有高比例的化纤成分时，两者摩擦极易产生静电。如果你的衣服多数为化纤材料，尽量选择纯棉、纯丝、棉麻混纺或者莱卡面料的内衣。

解决双手上举时内衣上移的尴尬

有两种原因：一、罩杯太小，需更换大一号的罩杯；二、肩带太紧时手举高内衣也会上移，需要调长肩带。另外，内衣寿命到达期限时，也会出现内衣不贴身、上移的情况。

彩棉内衣怎么挑是正品

彩棉是一种纺织过程中不使用染色剂的棉料，一般只有棕色和绿色，品种很单一。如果有大红大紫的颜色或者非常雪白，那么这种棉料不属于真正的彩棉。

双层杯主要针对哪种胸型

这种采用两种杯形拼接的内衣，适合底部脂肪厚、上部脂肪少的胸型。能有效地将底部的脂肪推高，让胸部的形状更加圆润饱满，还省却了使用各种衬垫的麻烦。

纯棉内衣未必是好的

纯棉内衣延展性不如化纤内衣，穿着多次后容易变形，因此不要太偏爱 100% 纯棉的内衣。最好的内衣是棉质化纤混纺的，这样既有纯棉的舒适性，又能兼具化纤的耐穿性。

不是小胸也必备内衣衬垫有讲究

不要以为只有小胸部才会用到衬垫。衬垫的功能很多，例如，胸部大小不一致的人，可以通过衬垫调整一致；生理期时胸部涨满，也可以摘掉衬垫让罩杯变得舒适一些。

搭配长马甲的内衣外穿法

富有中性气息的长马甲与短裤搭配，内搭一款黑色的外穿式内衣，瞬间让你化身街拍时尚达人。如果喜欢更前卫的风格，可以挑选不对称设计的款式。搭配黑超、手拿包等配饰更能增加女王气场。

穿挂脖上衣不露肩带

穿挂脖上衣时，如果身边没有透明肩带，或是担心透明肩带不够牢固，可以将一边的肩带取出来。再将剩下的一边肩带挂到另一边，这样就可以临时改造成一件挂脖式内衣。

前扣式内衣方便在哪里

穿着内衣时如果胸部容易移位，那么可以选择前扣内衣。只要穿着开襟的衣服，前扣内衣就可以随时拆脱，方便及时调整移位的胸部脂肪，避免长时间挤压和不适。

不是所有内衣都不能穿着睡觉

有一种内衣专门为睡眠设计，它们采用无钢圈设计，胸垫仅仅是一片薄棉，用料讲究柔软透气，主要功能是引导脂肪流动，适合对胸型有高要求的人在睡眠中美化胸型。

为什么有的内衣准备两幅衬垫

有些品牌会为内衣穿着者准备两幅衬垫，便于根据当日服饰穿出胸部不同的饱满度。如果觉得穿着礼服需要比较突出的曲线，可以加上两个衬垫，让胸部的线条更加突出。

隆乳手术后多久才能穿内衣

现在接受隆乳手术的人越来越多，那么术后穿内衣应注意什么呢？术后 3 个月才能穿戴内衣，避免植入体在内衣压迫下和其他组织发生粘连，也避免腺体增生。

泳衣里面穿内衣危害大

许多人为了制造丰满效果，在泳衣里面穿内衣。这样的后果是让身体运动时，移动的钢圈严重压迫乳房组织。如果希望丰满效果，建议用硅胶隐形胸垫或者泳衣专用的衬垫。

内衣帮你有好孕

孕期内衣尺码不好把握？告诉你一个规律：怀孕 5 个月后，内衣尺码一般要比孕前增加 1 个尺码以上；怀孕 7 个月后增加 3 个尺码以上。内衣尺码充裕，有助哺乳时乳腺畅通。

衬衫露黑 bra 的性感法则

穿浅色衬衫时，可以挑选一件黑色内衣，留下胸前两三粒纽扣自然敞开，让内衣若隐若现地显露。既能颈部线条显得更加修长，也能小露性感。如果有墨镜可以别在胸前，也毫无违和感。

如何选择最好的运动内衣

运动内衣的背部最好是T形或者X形的设计，这种设计可以防止内衣在跑动时移动，让内衣服帖身体。运动内衣的罩杯亦不能太小，要有一个足够大的空间容纳晃动的胸部脂肪。

怀孕初期还能穿之前的内衣吗

怀孕初期，乳房变化还不大，以前的部分内衣是可以继续穿的。比如，无钢圈的运动内衣、无硬罩杯的内衣、软圈的内衣及以前稍大的内衣。孕中期后，建议穿专门的孕妇内衣。

一次试穿就能确定运动内衣的好坏

试穿运动内衣时，要确认整个胸部完全被内衣包覆，腋下两边的肉不会跑出来。然后做些伸展动作，确认运动内衣的下缘不会往上滑动，肩带不会掉落，不会妨碍伸展。

挑选运动内衣时不要选择细肩带

宽肩带的运动内衣具有较好的支撑性，能减少胸部的晃动，比细肩带更稳固，并且保护肩部的肌肉不受伤不疲劳；细肩带虽然比较美观，但是对肩部的压力较大，不利健康。

根据运动强度选择运动内衣

运动越激烈，需要的支撑力度也越高。做瑜伽和拳击操这两种运动需要的运动内衣截然不同。在试穿时，可以在试衣室内跳一跳，看看它是否给胸部提供足够的支撑。

深V T恤露黑Bra的性感法则

大领口的中性T，率性随意的气质是搭配牛仔裤的最佳单品。偏大的领口内搭抹胸会显得笨拙。如果换成有蕾丝边的全罩杯Bra则会收获意想不到的效果。不失大领T的中性帅气，又增加几分成熟优雅女性的味道。

黑 Bra 的透视穿搭法

蕾丝与欧根纱的内衣组合能显示清新脱俗的气质，无论你的内衣是简洁还是繁复，都能告别俗气。在内衣外搭上透明薄纱或半透明的轻薄款外套，让内衣若隐若现，在不同的光线下，幻化出不一样的美。

运动内衣寿命不可不知

一件运动内衣寿命是 9~15 个月，但是如果内衣里面的弹性纤维已经断开、外露；胸部总是移位；下围变得很宽松……那么这些警示就在告诉你；这件运动内衣要“退休”了。

光面紧身连衣裙如何搭配内衣

光滑贴身的面料会让内衣的轮廓一览无遗。因此尽量搭配一体成型杯模的无痕内衣，这种内衣没有普通内衣的“骨感”，罩杯和背带自然衔接，从表面上丝毫看不出内衣的痕迹。

找到和露背上衣最搭配的内衣

959

选择挂脖内衣，肩带最好是开放式的，便于随时调整长度。在夏天，肩带颜色最好还可以和露背上衣做一下搭配，尽量不要选择白色或者黑色的挂脖内衣，看上去不够亮眼。

鸡心位易出汗者最喜欢的内衣款式

穿内衣最常见的就是鸡心位容易出汗，解决方法是选择鸡心位镂空的内衣。这种内衣在夏季极受欢迎，避免暑热之余，还能加强胸部散热，对尚在发育的青春期少女有益。

穿 T 恤时如何选择内衣

穿 T 恤时最好选择光面内衣，蕾丝面料、烫印工艺等都会在外衣上看出端倪。另外，胸部丰满者最好选择 3/4 杯或者满杯内衣，避免胸部将罩杯边缘撑开，在外观上就会看出两道印子。

薄纱半透上衣怎么穿才能将内衣隐形

穿黑色薄纱就要穿黑色内衣吗？这种做法只会让内衣看得更加一清二楚。聪明的做法是穿肤色的抹胸式内衣，这样薄纱颜色无论是哪种，内衣都会和肤色融为一体。

三角形罩杯在穿搭上有何用处

三角形的罩杯适合袖管较低的衣服，避免别人从袖管中看到内衣罩杯的边缘。对于胸部集中、没有副乳的女生而言，这种三角形罩杯也比圆形罩杯更加舒适透气。

穿抹胸礼服时的内衣要诀

穿抹胸礼服时尽量选择肉色无肩带内衣，这样即使礼服下坠不慎露出内衣的边缘，也不至于过于显眼。最忌讳花边显眼、颜色亮眼的内衣。

露肩装如何防止内衣往下掉

无肩带的内衣总是容易下滑，解决的方法是：可以选择有束腹的胸衣式内衣。束腹中的“骨架”具有支撑作用，能防止无肩带的内衣往下滑落，让你穿着更加稳固。

深 V 装如何提高俯视安全系数

尽量穿低胸的 1/2 罩杯或者 3/4 罩杯的内衣，避免从领口处看到罩杯边缘。另外还可以购买防走光贴，将开深 V 的衣领粘贴在前胸处，这样无论你做什么动作都可以防止走光。

吊带裙如何搭配内衣

要记住内衣肩带绝对不能比吊带宽度宽，两者最好能重合，避免肩带外露的尴尬。如果吊带裙的肩带太细，可以另购更有设计感的肩带，使它们看上去来自同一件衣服最佳。

雪纺衫如何搭配内衣

搭配雪纺衫一定要选择表面光滑的质料，这样才不会影响雪纺的顺滑感。表面摩擦系数大、有繁复设计的内衣会使雪纺看起来凹凸不平，极大影响雪纺本身应该有的质感。

蕾丝内衣不要在社交场合穿

蕾丝并不是一种包覆力强、伸缩力好的面料，用它制成的内衣虽然性感舒适，但只适合居家时穿着。在社交场合穿着，恐怕会面临着胸型垂塌、形状不好的窘况。

穿高腰裙时要注意提高胸型

穿高腰裙时要穿着提拉力强、承托力足、能将胸线提到较高位置的内衣。如果肩带无力、胸型下垂压着高腰裙的腰线，会显得腰粗腿短，甚至会将高腰裙穿成孕妇裙。

内衣外穿要选择罩杯一体式

有一些内衣款式是专门为外穿准备的，这些内衣罩杯和下衬连为一体，在拼接缝纫和布料用色上都不会有太大差异。这种款式一般会模糊内衣的构造，把内衣时装化，以便外穿。

抹胸式的内衣会让人变胖

如果胸部比较丰满，建议穿罩杯线条明确的内衣。一片式的抹胸内衣虽然舒适，但是会使两边胸部挤成一团，穿上外衣之后会显得上半身肥胖，没有线条感。

搭配西装外套的内衣穿搭要点

西装外套要有挺拔的身型才能完美演绎，考虑到西装的廓形，你需要动用到衣橱里最有型的一件内衣——它必须是 3/4 罩杯的，配有挺括的衬垫，并且能让胸部坚挺不下垂。

穿着紧身裙选什么内衣最得体

紧身裙会让胸部原本的“资本”表露无遗，因此重点要放在内衣的罩杯上。避免选择罩杯偏尖、偏扁的杯形，穿着这样的内衣会让胸型变得非常奇怪。圆润的杯形会让你的身段赢尽好感。

比基尼式内衣并非人人都适合

比基尼式内衣适合胸部坚挺、形状圆润、本身条件较好的女生，因为她们的胸型已经不需要太多的调整和塑型。胸型不佳的人穿比基尼内衣会惨变平胸，结果适得其反。

胸衣式内衣怎么搭才潮味儿十足 976

这种胸衣式内衣一定需要紧致的小腹，搭配高腰及膝裙或者高腰牛仔裤都能紧跟复古风。另外，如果你拥有及踝长纱裙也能成就神来之笔，混搭成时髦的嬉皮风格。

穿中性套装时如何选择内衣

穿中性套装时不要选择太夸张的内衣，谨记两点：第一胸型要恰当并且明确，要穿出套装的自信感；第二是不能看到里面的花纹，从衬衫中能看到蕾丝内衣的花纹是不得体的表现。

蝙蝠袖上衣也对内衣有所要求

蝙蝠袖上衣本身就能加强上半身的重量感，因此要避免罩杯距离太大的内衣，避免从视觉上感觉赘肉都长在腋下附近。内衣最好选择集中效果好的款式，使上半身依旧挺拔有型。

舒适隐形胸罩撑起美美嫁衣

准新娘必须为自己准备一个舒适的隐形胸罩，因为婚纱的内置罩杯通常都会比较大，即便是专门定制的婚纱，也会为了穿着效果突出胸围，因此必须借助隐形内衣才能穿出效果。

980

穿隐形胸罩之前必须先清洁皮肤

胸部有汗湿或者油脂的情况下都不能直接穿戴隐形胸罩，必须先用肥皂水清洁油脂，然后用干燥的毛巾完全擦拭干净。为了有更持久的黏附力，一定要避免胸部出汗。

根据罩杯选择隐形胸罩尺寸

本身罩杯在 A 或 B 的新娘应选择 A 罩杯的隐形胸罩；C 罩杯的新娘应选择 B 罩杯的隐形胸罩；C 罩杯的隐形胸罩适合 D 罩杯的新娘；而罩杯达 E 或者 F 的新娘宜选择 D 罩杯隐形胸罩。

舒适至上的隐形胸罩材质很重要

隐形胸罩的材质一般分为硅胶和海绵两种。硅胶材质与皮肤质感最为接近，因此穿戴起来比较轻松舒适、吸附力强；海绵材质比较透气轻便，适合出汗多、皮肤易出油的新娘。

婚礼前必须考虑的隐形胸罩细节

穿戴隐形胸罩之前，不能使用任何的润肤乳、香水、爽身粉或者其他胸部保养品，否则隐形胸罩容易失去黏性，造成移位出糗，尤其婚纱是抹胸款的女生更要注意。

以防万一先适应隐形胸罩的黏性

许多新娘到了婚礼当天才第一次使用隐形胸罩，这会导致许多意外发生：例如皮肤对未水洗过的隐形胸罩过敏、粘的位置不对导致移位等。最好平时先用几次，适应一下隐形胸罩的用法。

穿中式礼服多穿一件内衣

当你换上旗袍或者其他中式礼服时，你会发现隐形胸罩的承托力不够，胸部马上就下垂。婚礼当天一定要多穿一件内衣，在穿上中式礼服时提高胸线，才能挺拔有型。

如何正确穿戴隐形胸罩

将隐形胸罩的罩杯外翻，双手按着隐形胸罩罩杯的边缘，将罩杯直接扣在你想要的位置上，然后轻轻用指尖平顺隐形胸罩罩杯的边缘，确认已经完全吸附，最后检查两边是否对称。

低调新娘如何穿戴隐形胸罩

如果你是喜欢自然胸线的新娘，可以穿戴比原胸罩杯小一号的隐形胸罩。把隐形胸罩以 45 度紧贴胸部，再扣上前扣，即刻就能达到比较自然的浅乳沟效果。

性感新娘的隐形胸罩小心机

如果你的礼服属于深 V 款式，而你又希望以性感面貌呈现，可以将隐形胸罩以 90 度的黏贴角度贴于两胸，然后紧扣前扣，就能最大程度地集中两胸，达到最迷人的深沟效果。

露背礼服必选一片式隐形内衣

当你需要穿着露背并且露肩款式的礼服时，最好选择一片式隐形内衣。它可以完全贴合肋骨及鸡心位，在不需要肩带和背扣的情况下依旧保持胸型完美。

A 罩杯女生借助乳贴轻松度夏

胸部本身不明显的女生贴了乳贴就可以不需穿戴内衣，最大程度地解放身体。除此之外，如果外衣或者泳衣的布料太薄容易暴露凸点，贴了乳贴也可以化解这个尴尬。

是女生都必须准备一副防水乳贴

防水乳贴的作用很多，不仅在穿着泳衣进行水上运动时，可用于避免运动走光；还可以在穿着礼服时，避免不慎脱落看到关键部位；甚至在拍摄写真时，乳贴都有用武之地。

乳贴清洁一定要勤快

乳贴也和隐形胸罩一样需要每日清洁，用温水加上中性清洁剂清洁浸泡，再用手指轻轻搓洗即可。注意不要用锐物和刷子洗刷内侧面，否则会减轻乳贴的黏性，减少使用寿命。

小胸也能穿调整型内衣

调整型内衣不仅能起到集中胸部的效果，对小胸而言，它还能将胸部外侧游离的脂肪归拢到罩杯以内，并且提醒你随时注意挺胸收腹，避免腹部和腰部囤积赘肉和多余的脂肪。

调整型内衣是身材好管家

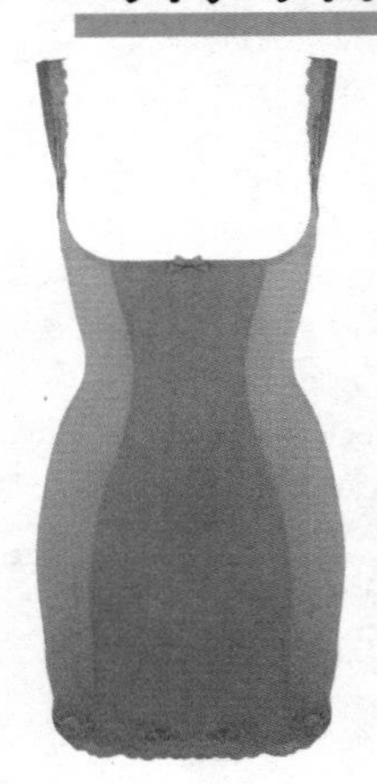

好的调整型内衣能帮你“规划”出好身材！它的功能是能使身体得到一致的压力，对皮下脂肪产生调整作用而达到均匀分布的效果。对脂肪分布不均的女生而言非常实用。

如果你第一次穿着调整型内衣

第一次穿着调整型内衣的女生，先从丹尼数低者开始尝试，并从每天 2 小时穿起，等慢慢适应后，再逐步增加时间及级数。谨记不要穿着睡觉，否则会影响健康。

正确穿戴调整型内衣

穿调整型内衣时应该从腹部开始穿起，穿的时候不要坐着，避免肌肉和脂肪不均匀分布。穿戴时不要吸气或者饱食，饭后两个小时内都不宜马上穿戴调整型内衣。

性感长裙的安全方案

当你打算挑战全身上下都防不胜防的镂空或者薄纱长裙，最好准备一件内置胸垫的裸色打底内衣。这种内衣专门为爱穿礼服的女士设计，同时兼具塑身修身及防止走光的效果。

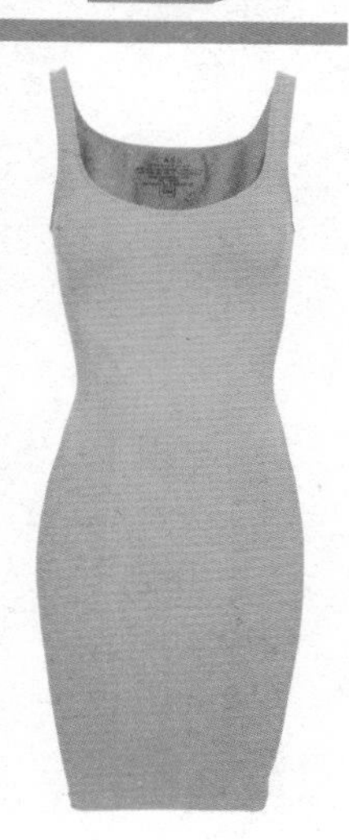

乳头内陷避免使用乳贴

女生在使用乳贴时要慎重。例如，乳头内陷的情况，由于乳头分泌液处于内陷处，再戴上胸贴容易导致感染。穿戴乳贴时必须每天清洁，每天贴乳贴的时间也不宜过长。

选择调整型内衣要试这三点

合身：能调整出优美的曲线，是调整型内衣的最基本条件；舒适：应穿着轻便，不会挤压某一个部位导致不适；安定：穿戴时能适应身体的日常活动，不会影响举手投足。

选择让你更安心的防走光内衣

有一些内衣会在罩杯上沿加缝一层薄纱，这种设计能起到防止走光的作用。另外，抹胸式内衣显然更加安全，前档围布更不怕由上至下的眼光窥探，适合胸部比较丰满的女生。

背心式内衣帮助胸部抗衰老

在外衣允许的情况下，建议每一个女生衣橱都必备一款背心式内衣。它可以加强内衣对胸部的承托力，有效抗击地心引力，防止胸部下垂，和普通内衣轮流穿着保护乳房健康。